SECTIONS: PAGE:

ADDING DIGITS 0-5..2-17

ADDING DIGITS 0-9..18-27

ADDING DIGITS 0-10......................................28-37

ADDING DIGITS 10-20....................................38-47

SUBTRACTING DIGITS 0-10...........................48-57

SUBTRACTING DIGITS 0-20..........................58-67

ADDING AND SUBTRACTING 78-101

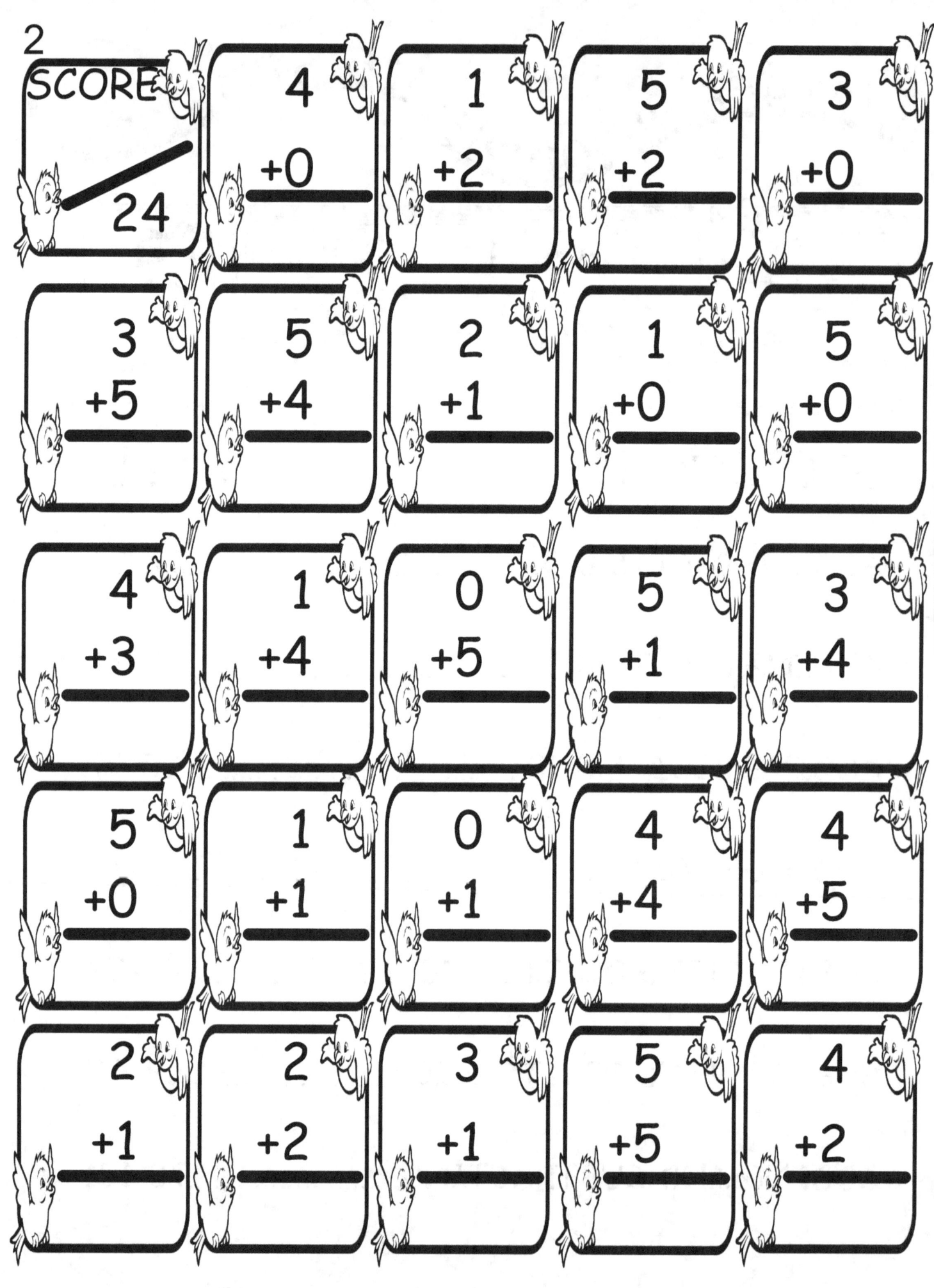

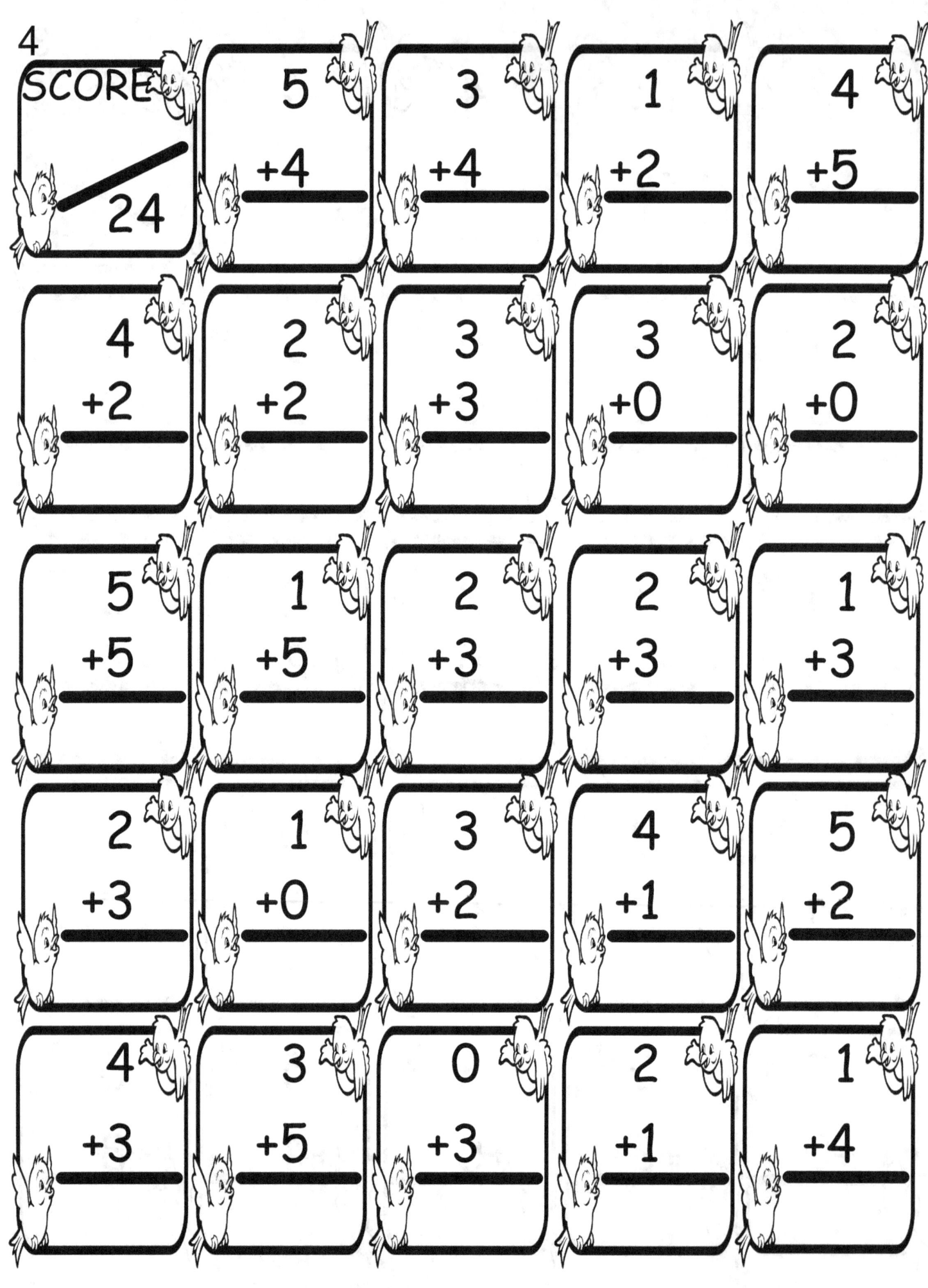

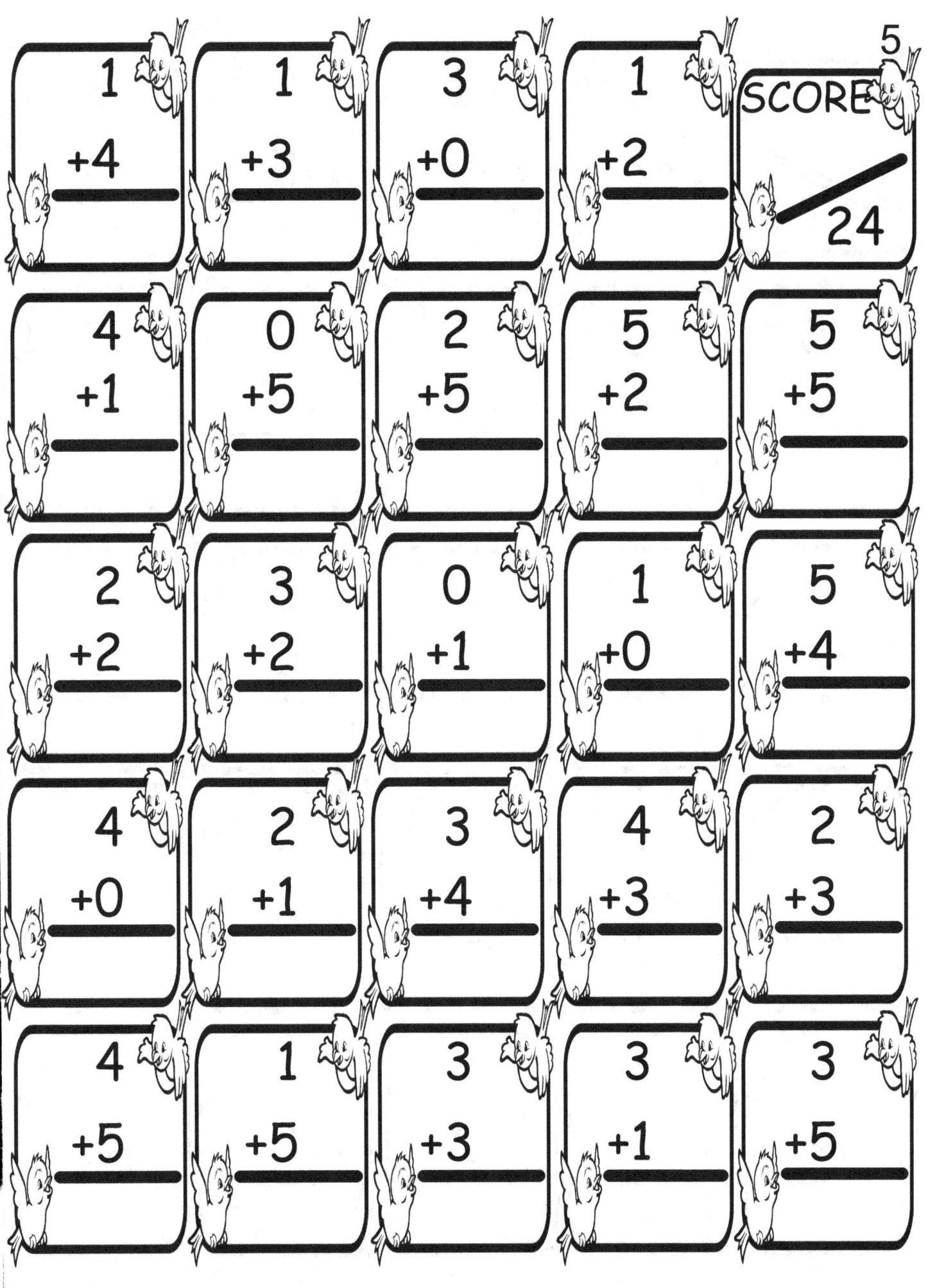

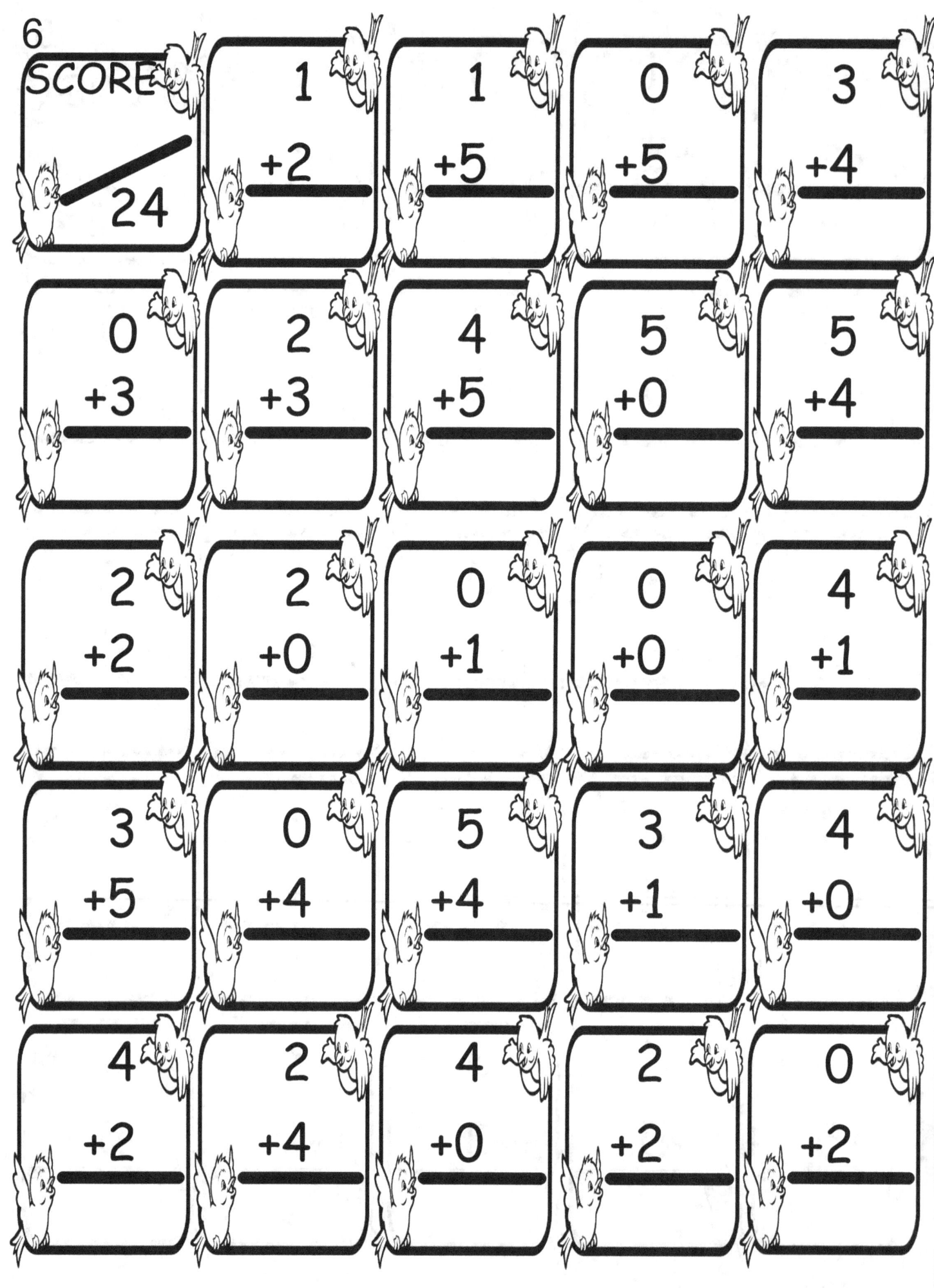

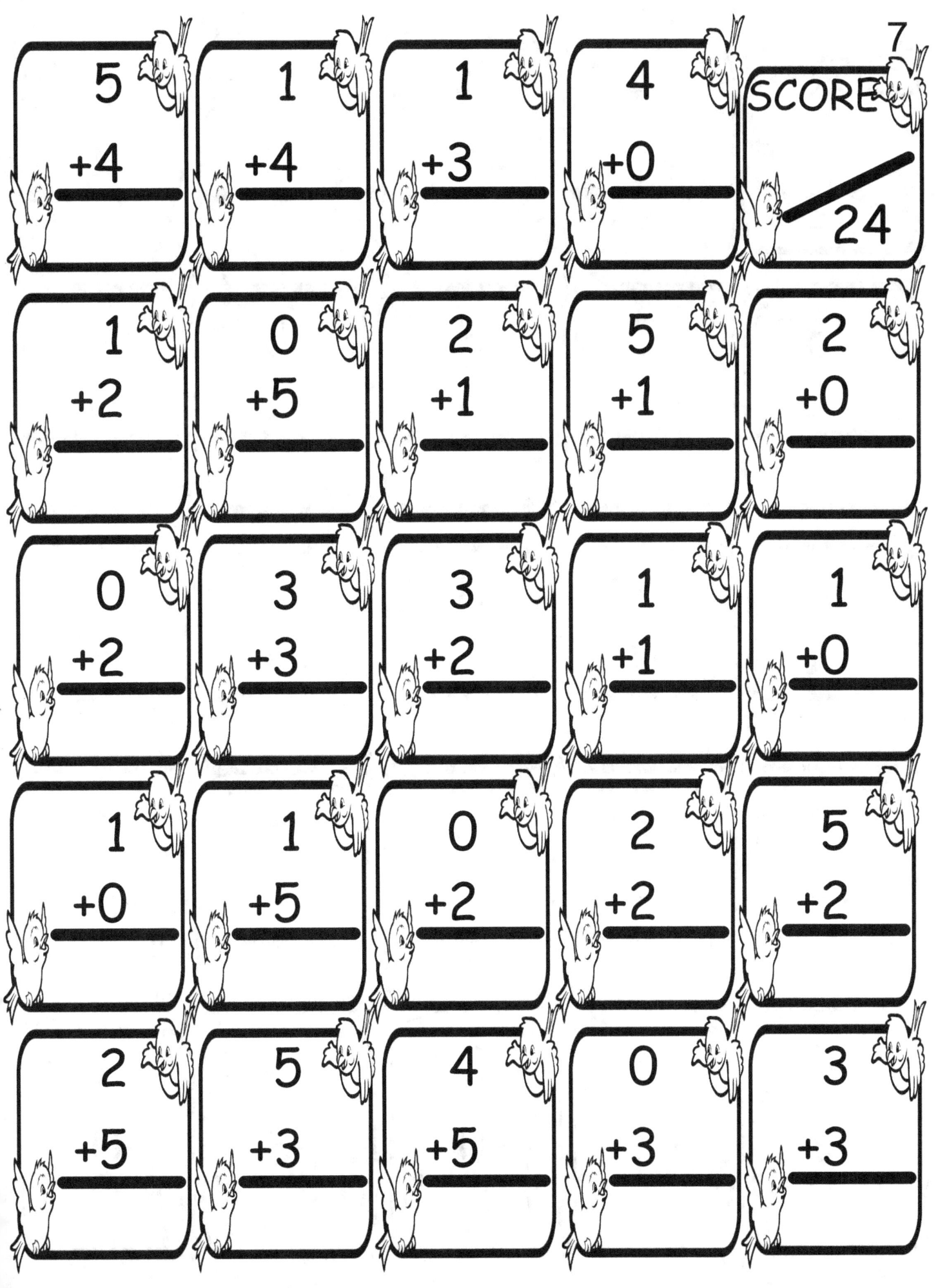

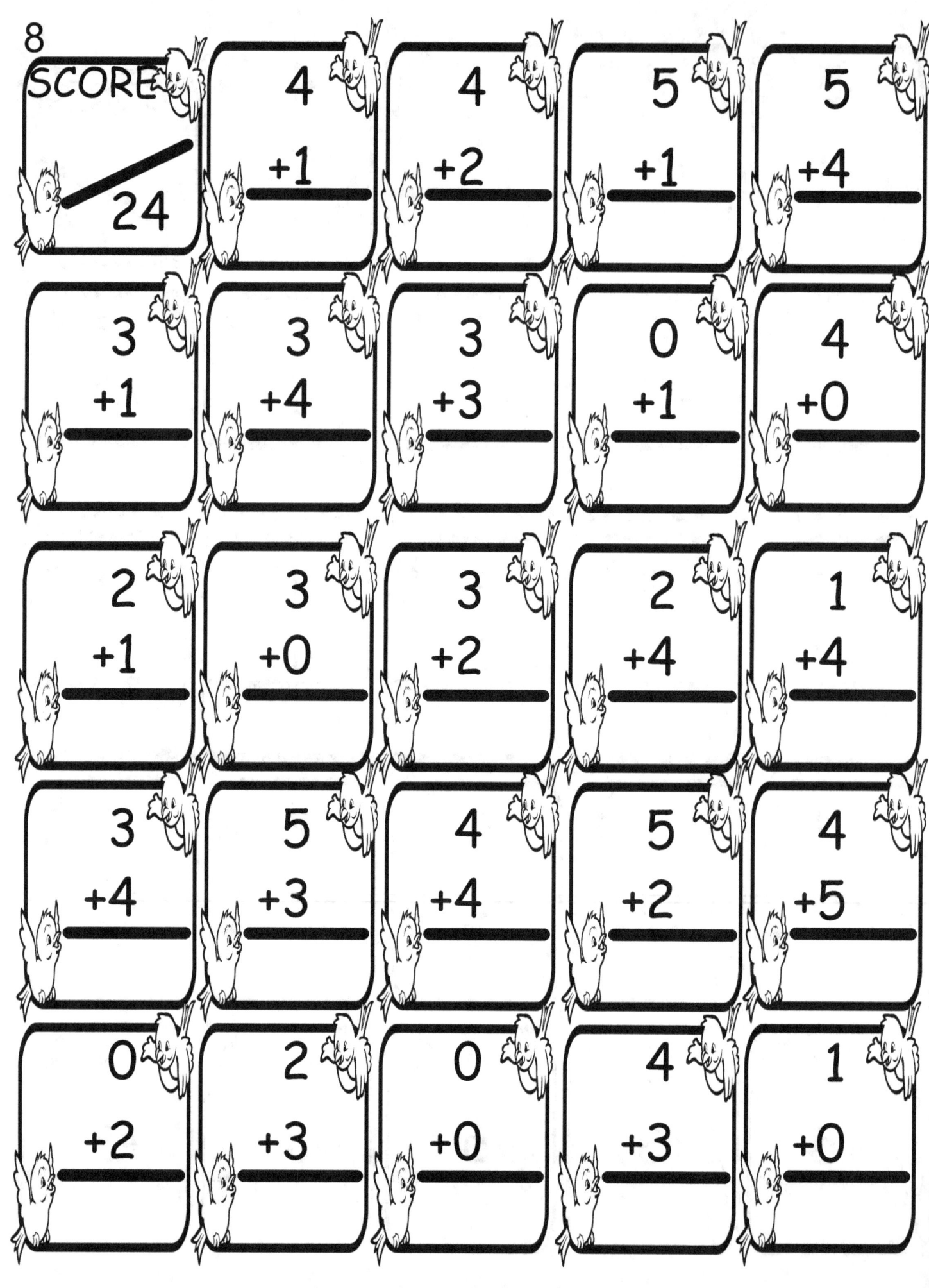

SCORE 8/24

4 +1	4 +2	5 +1	5 +4	
3 +1	3 +4	3 +3	0 +1	4 +0
2 +1	3 +0	3 +2	2 +4	1 +4
3 +4	5 +3	4 +4	5 +2	4 +5
0 +2	2 +3	0 +0	4 +3	1 +0

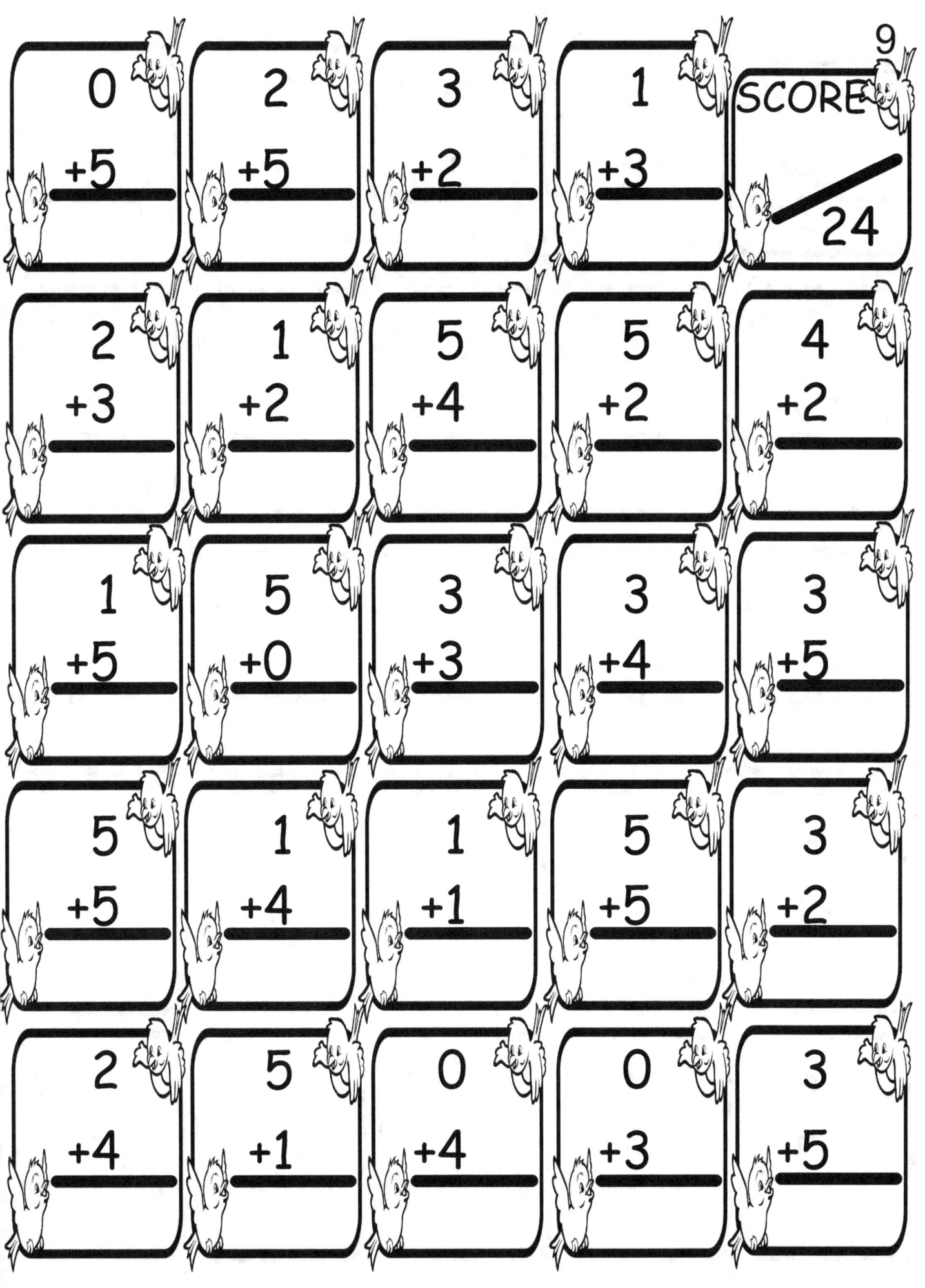

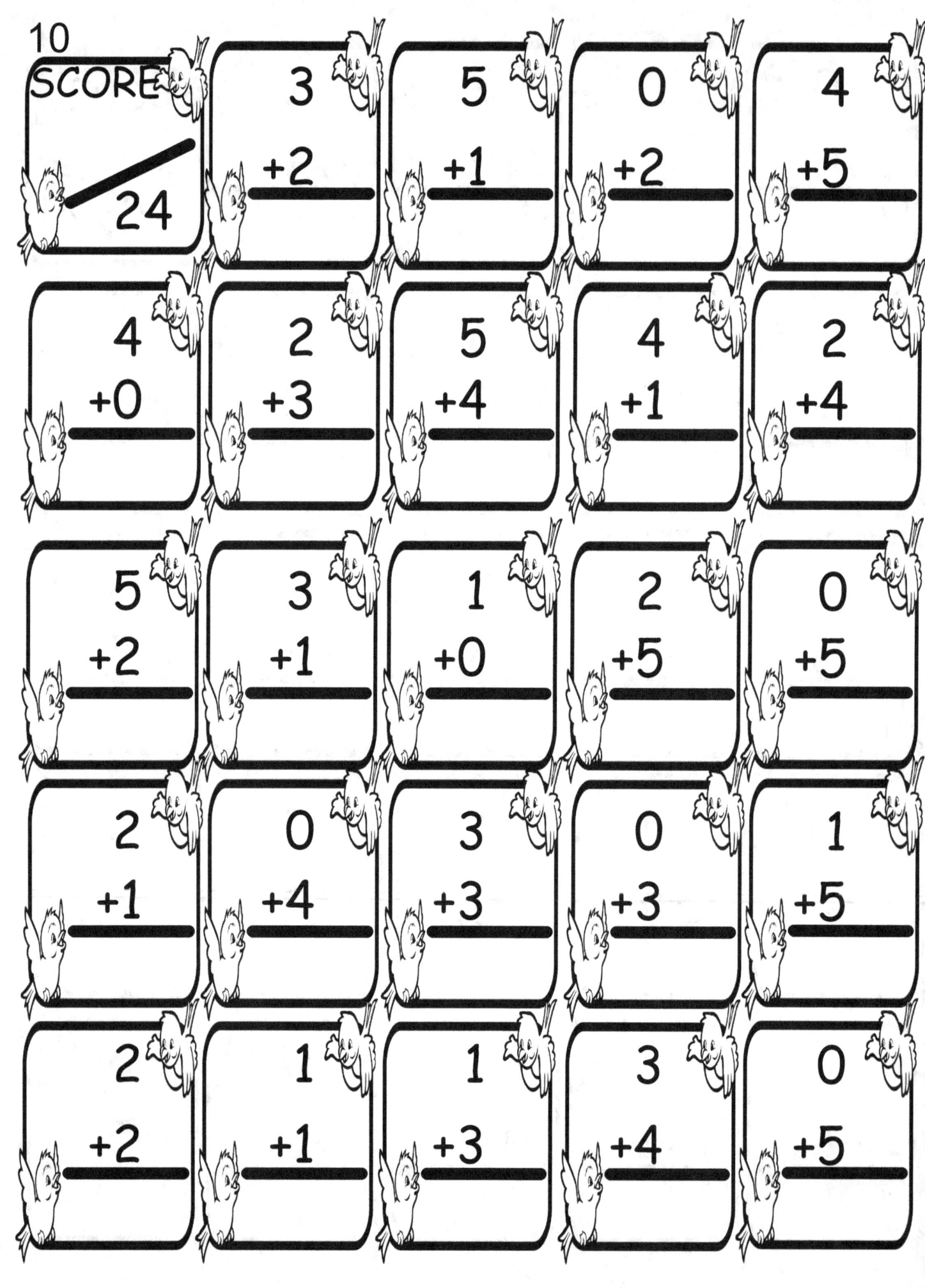

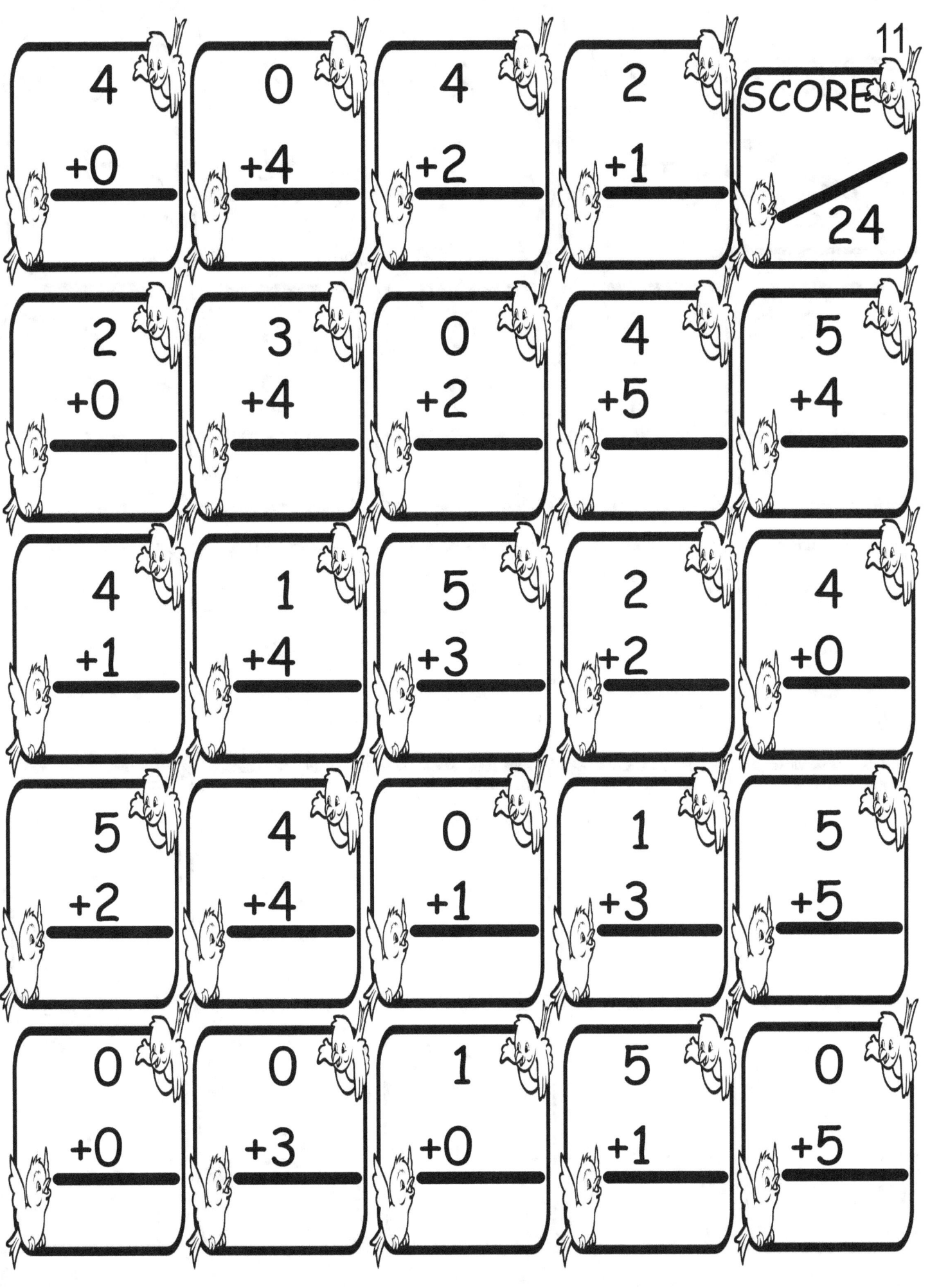

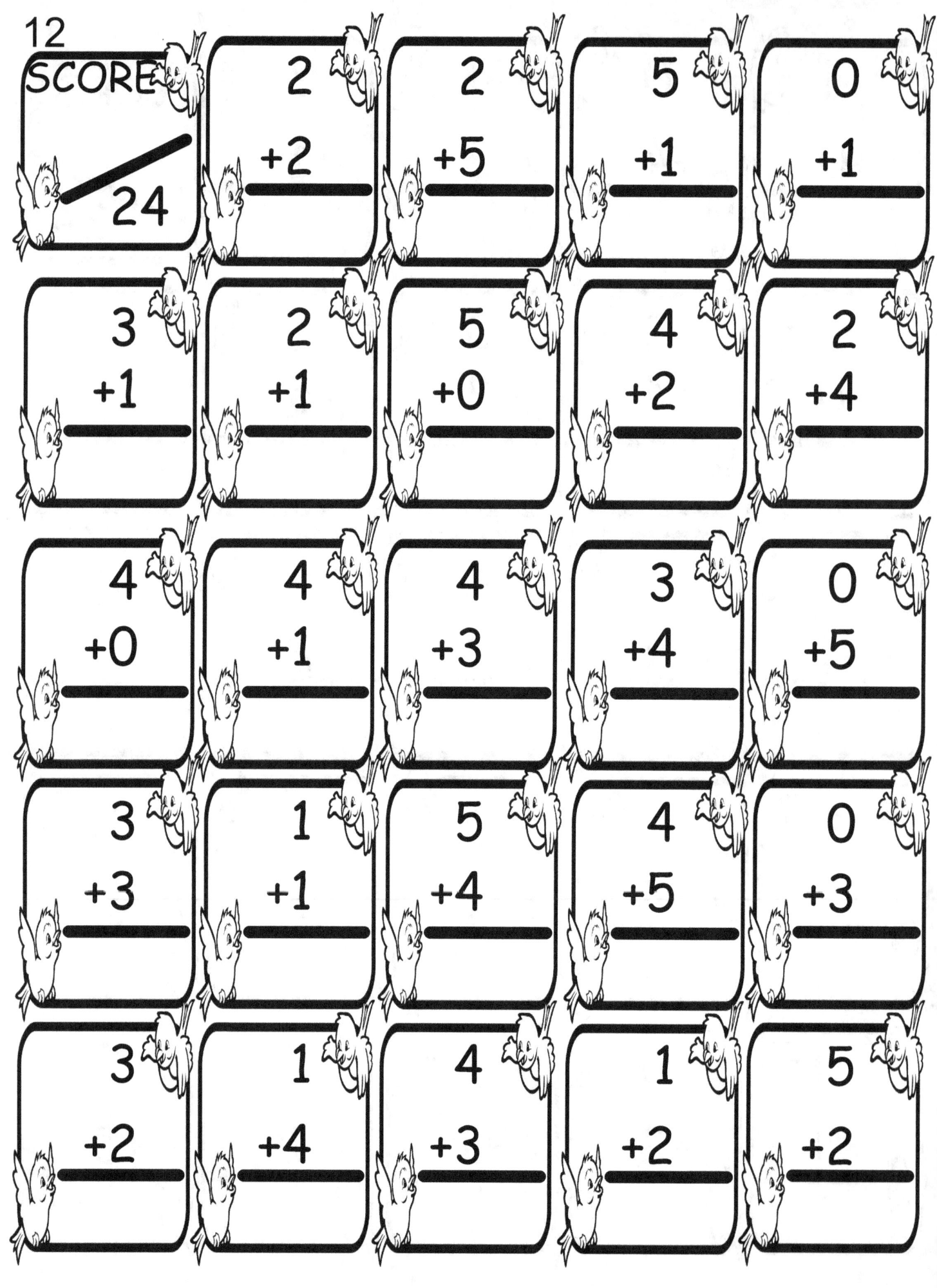

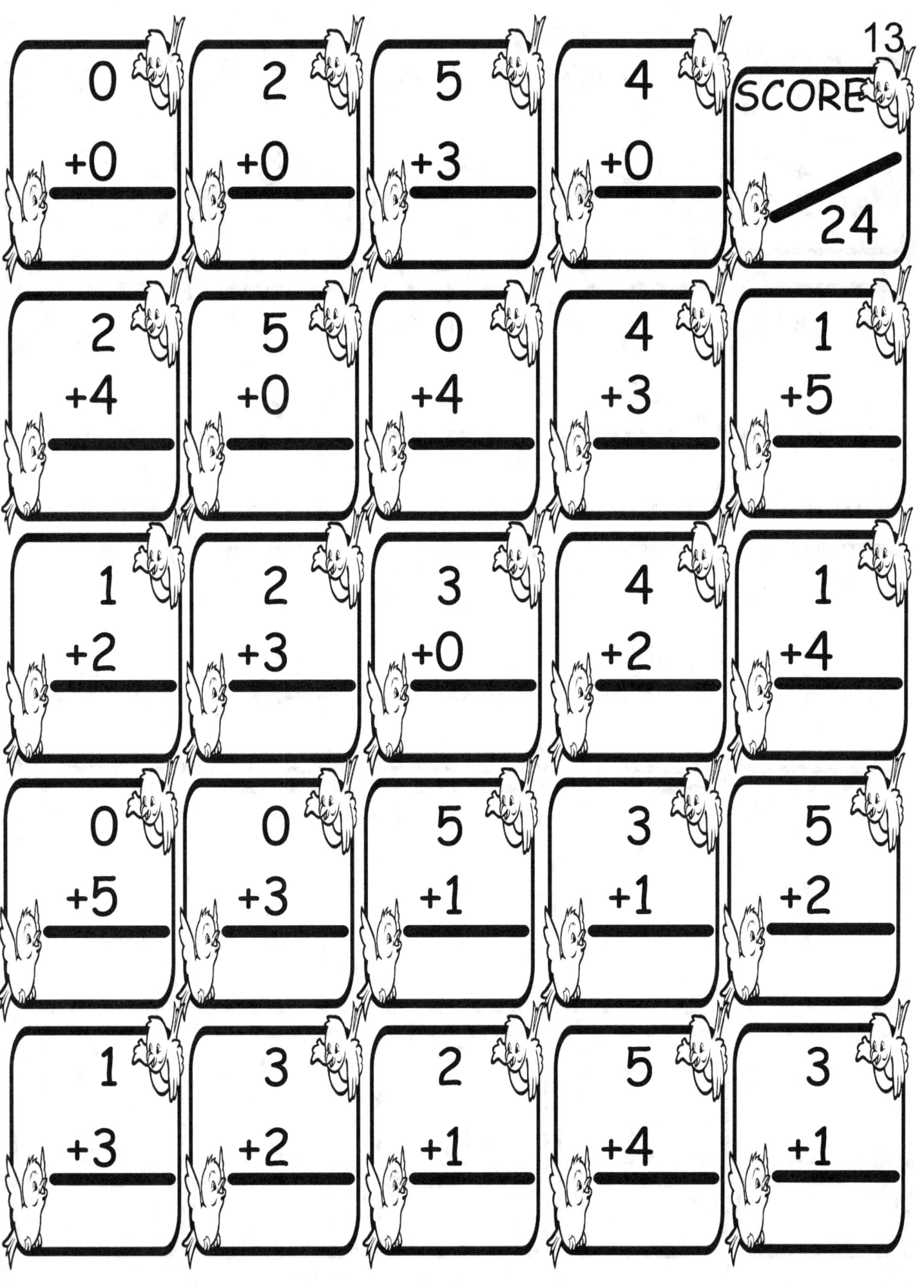

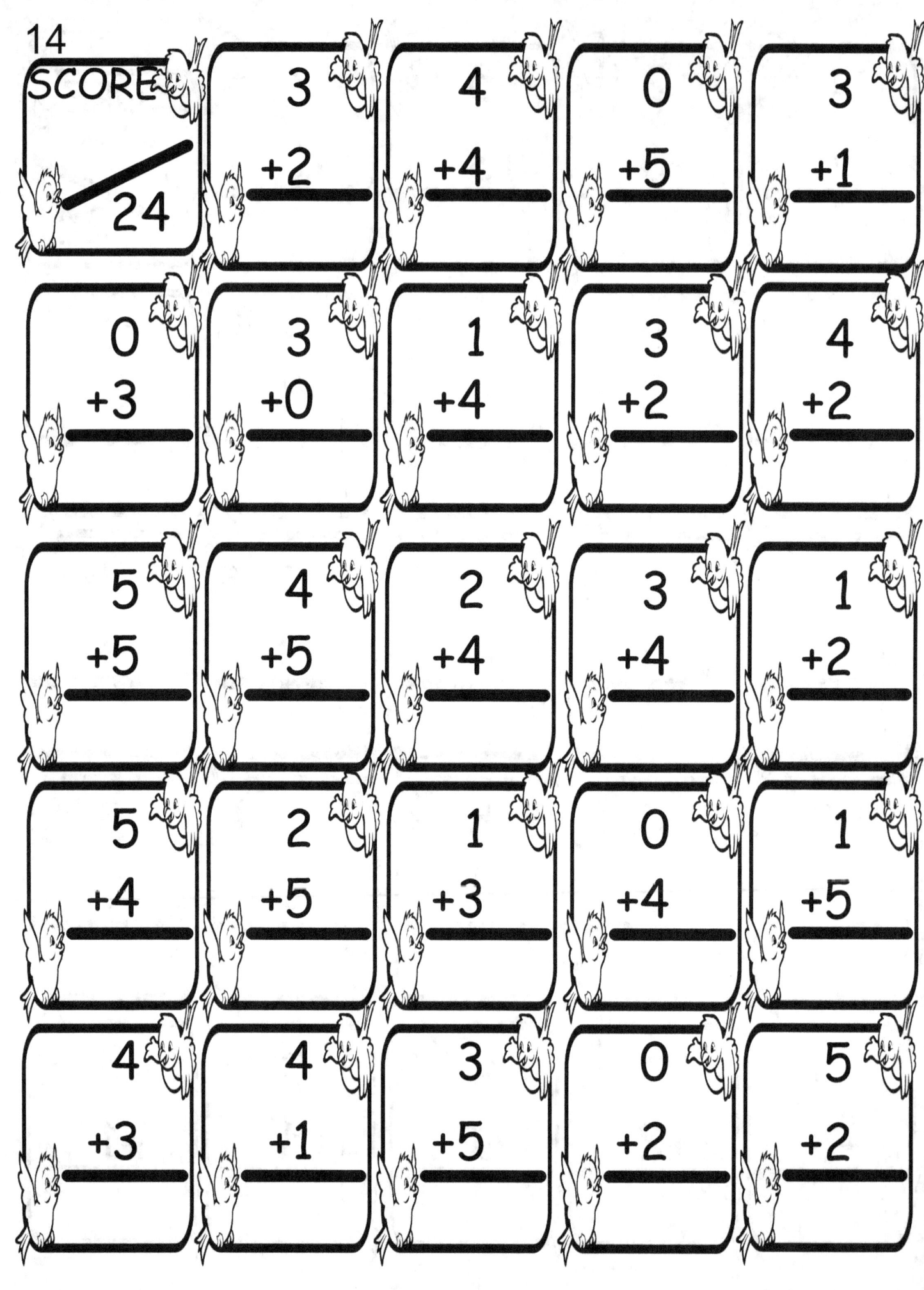

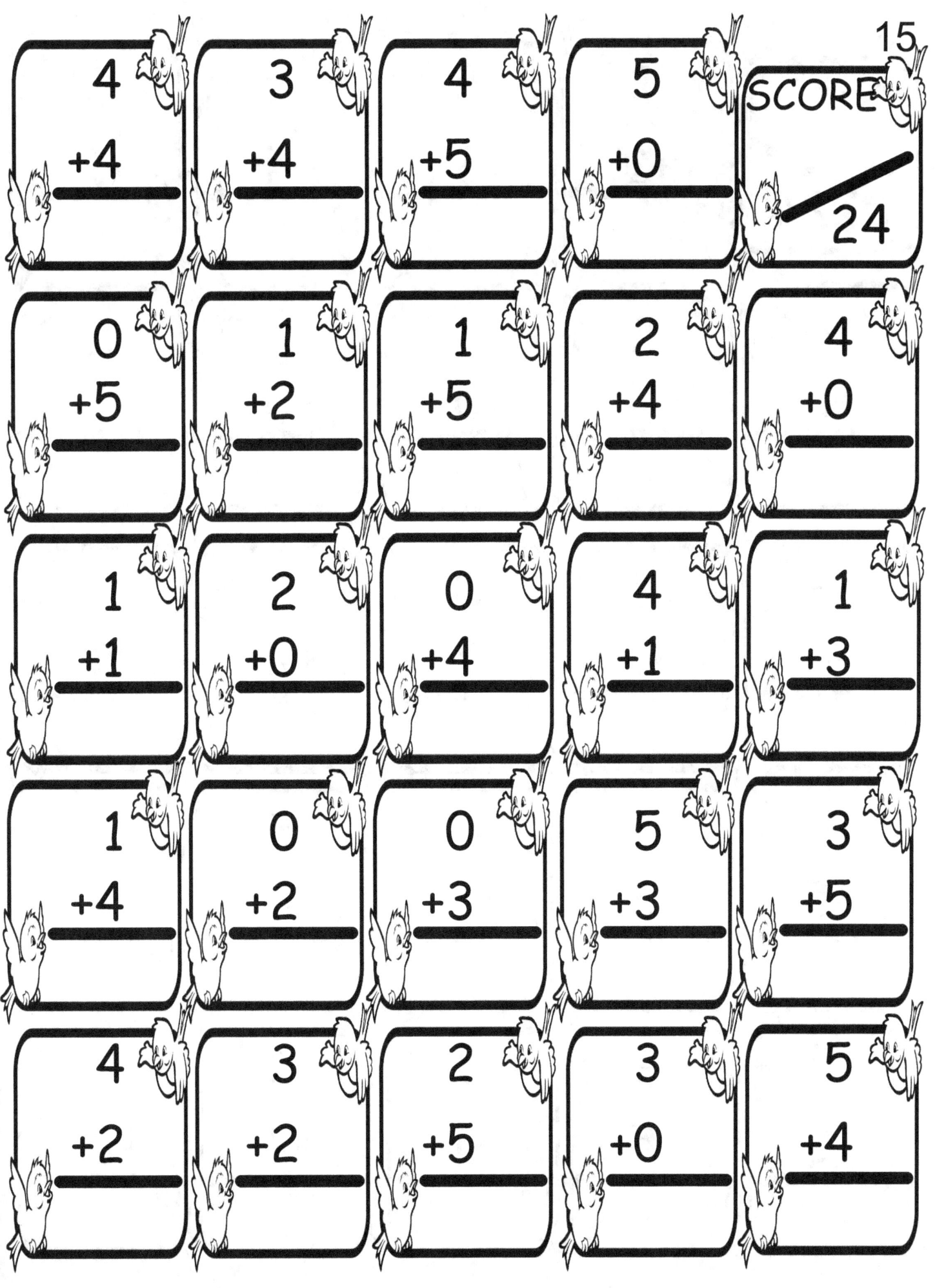

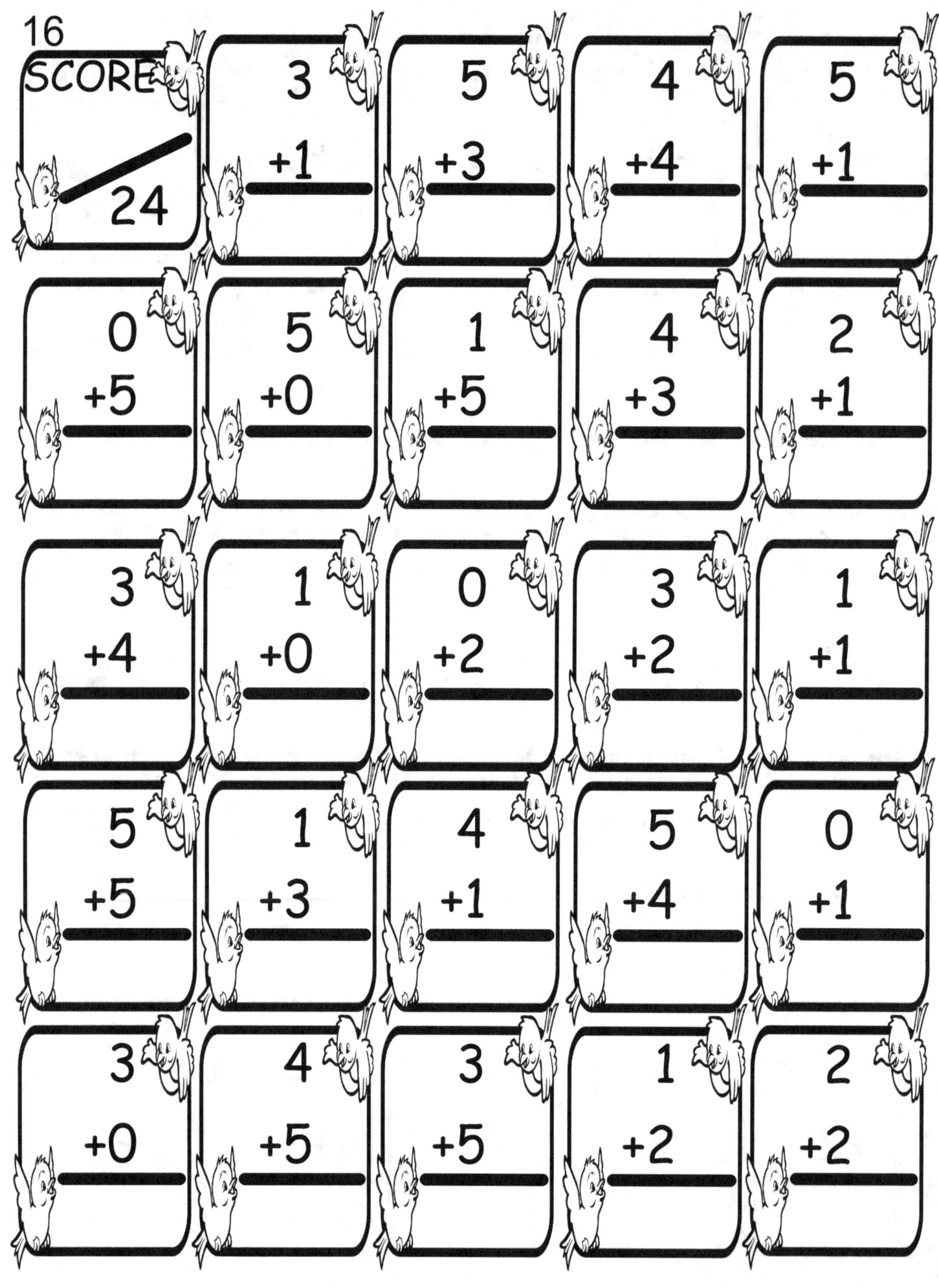

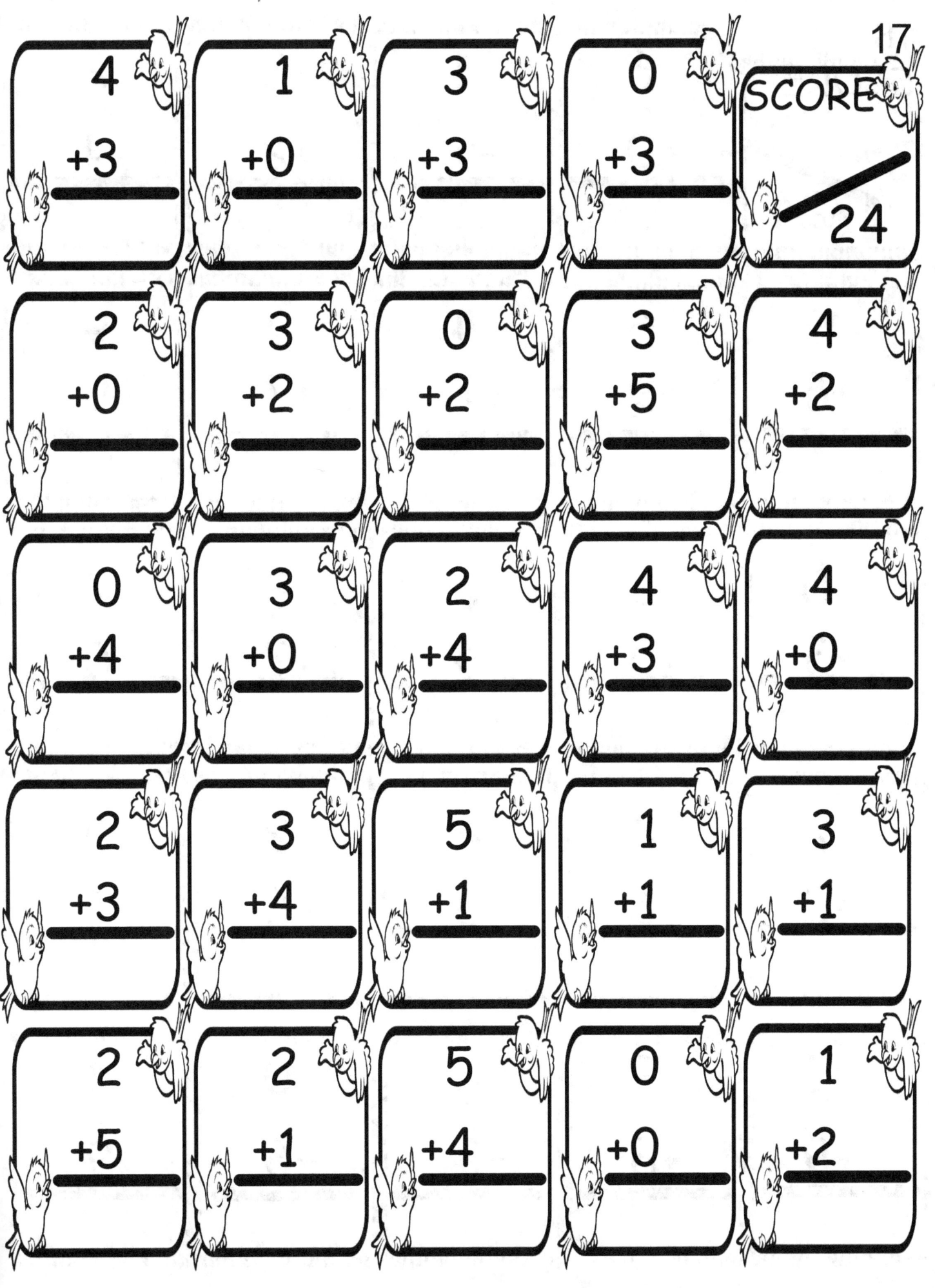

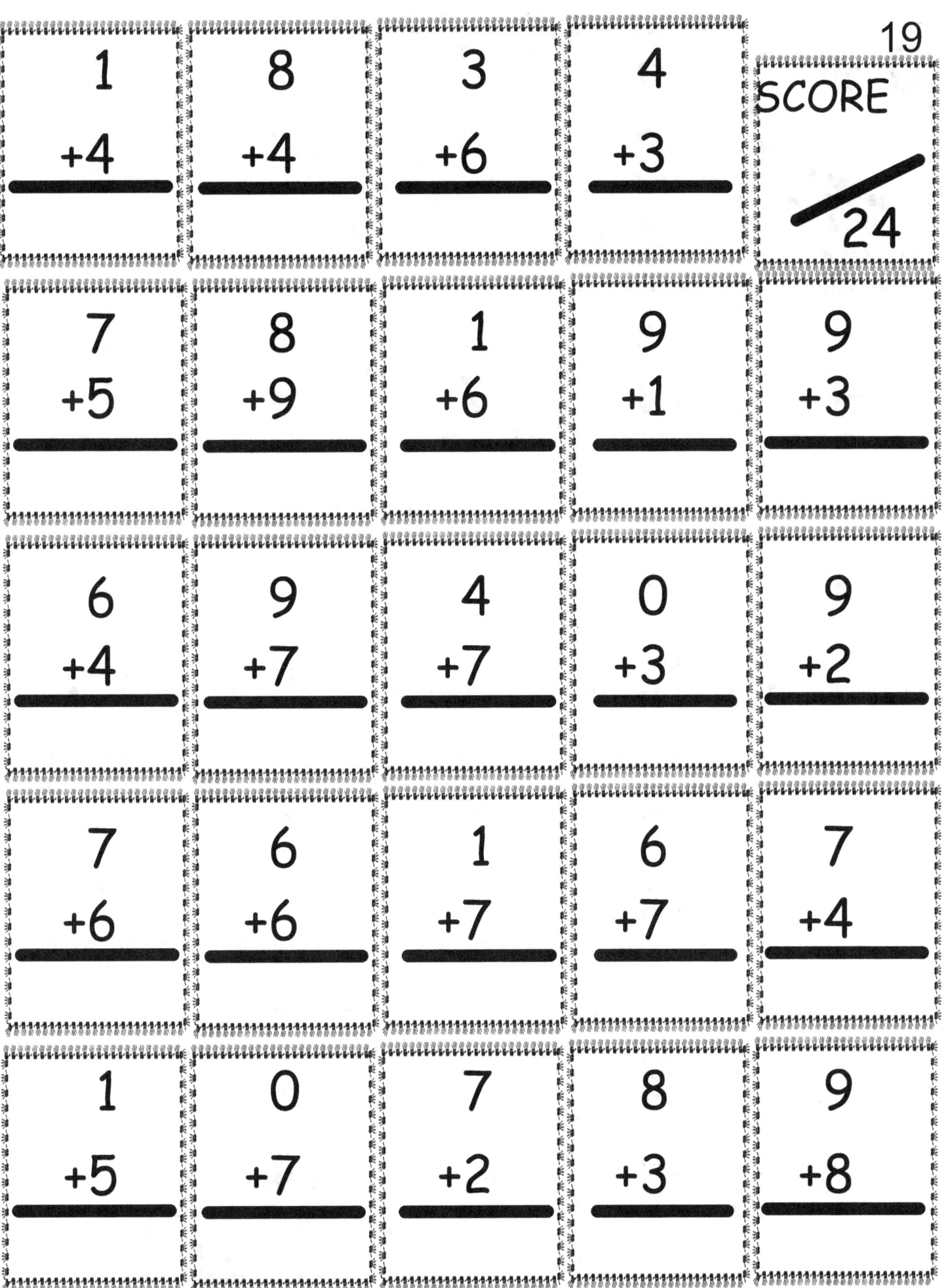

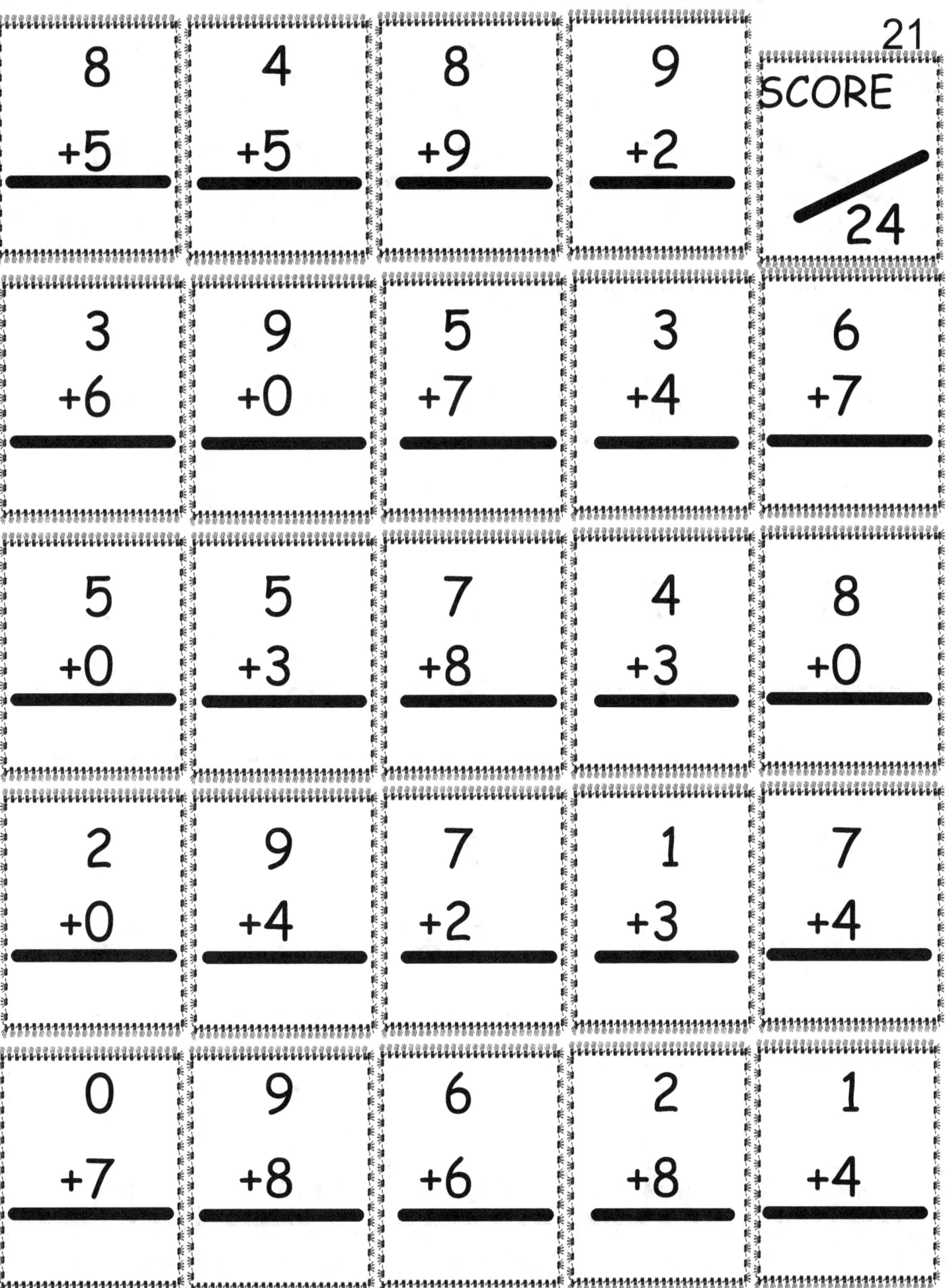

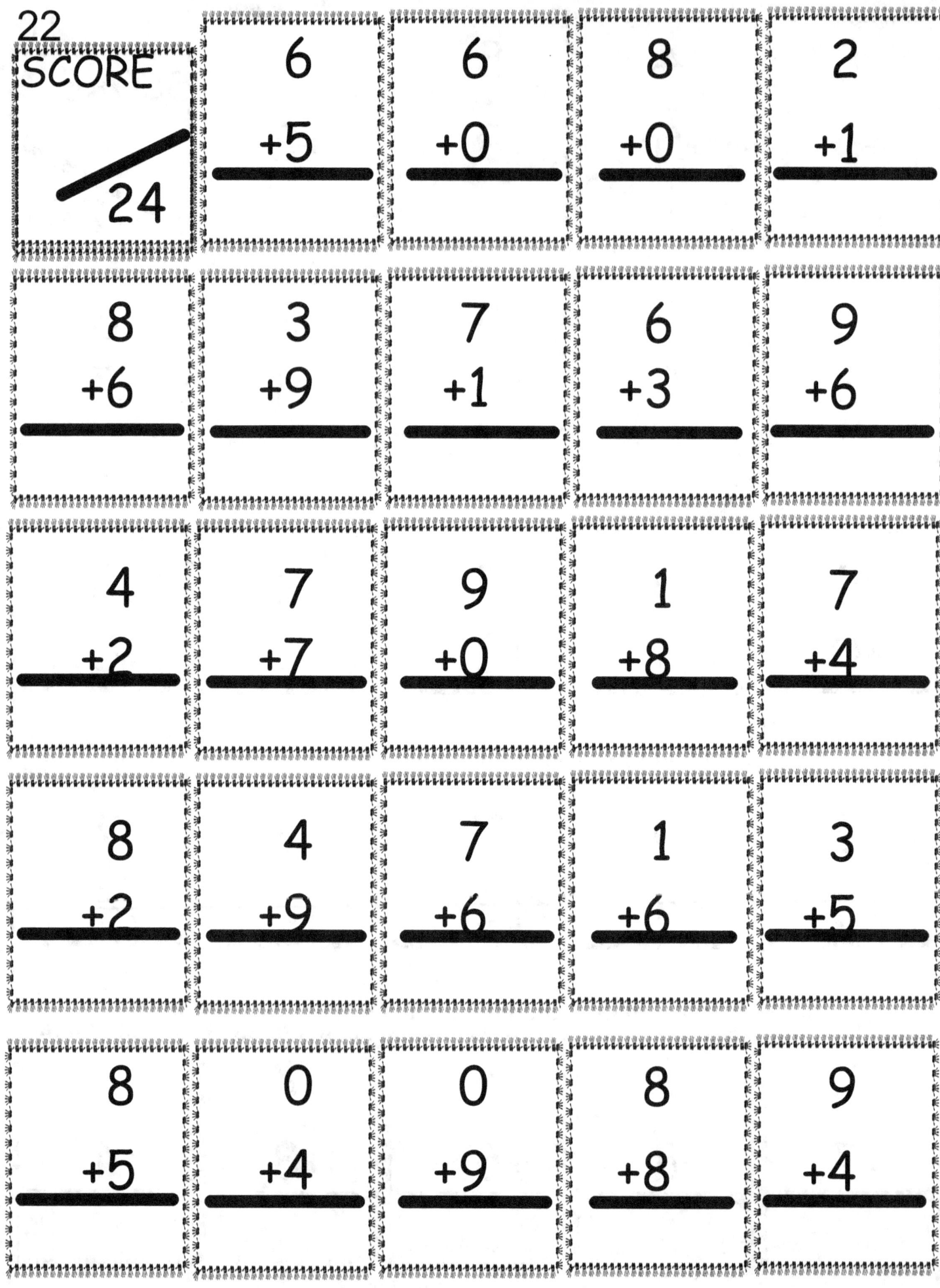

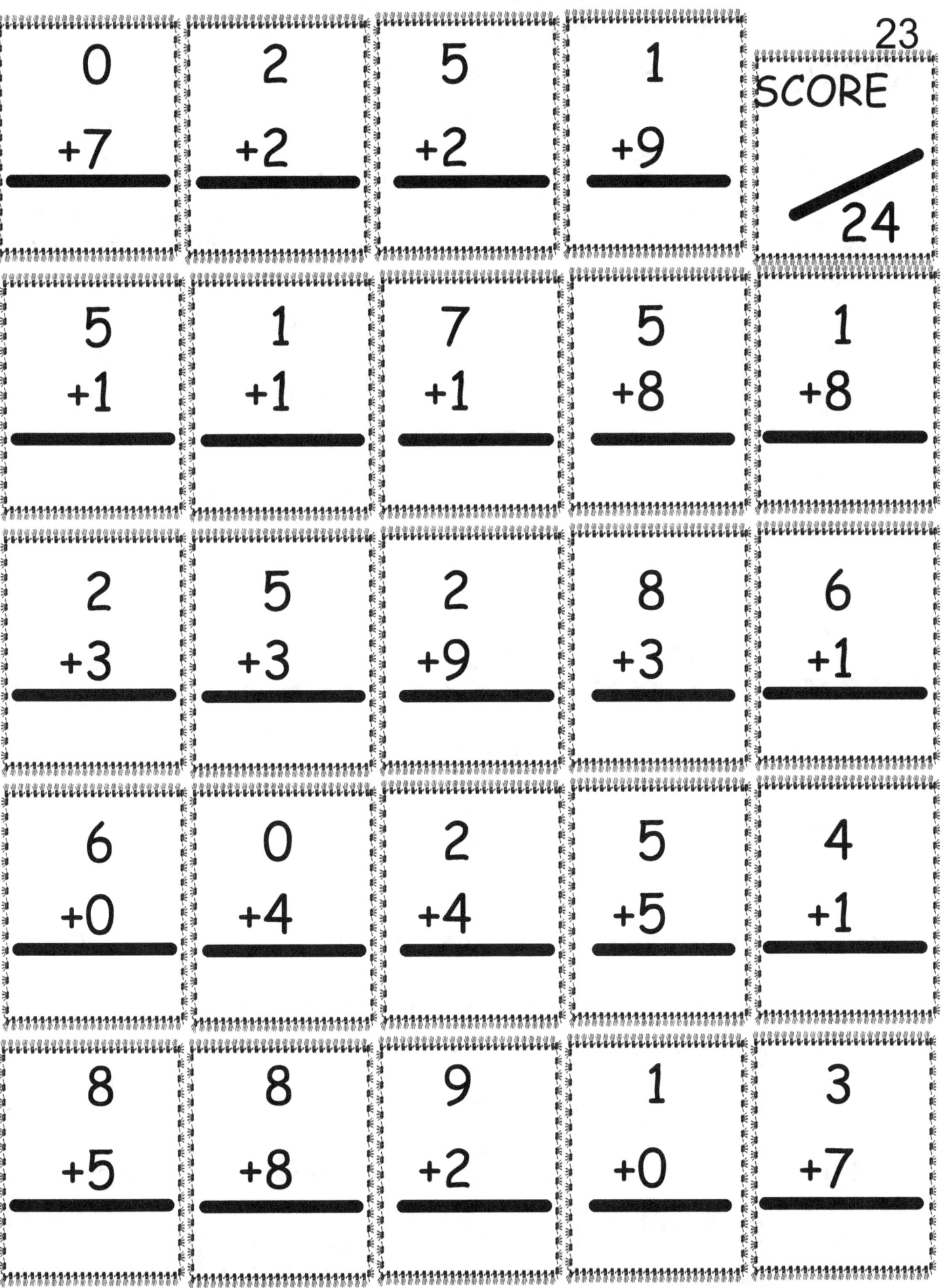

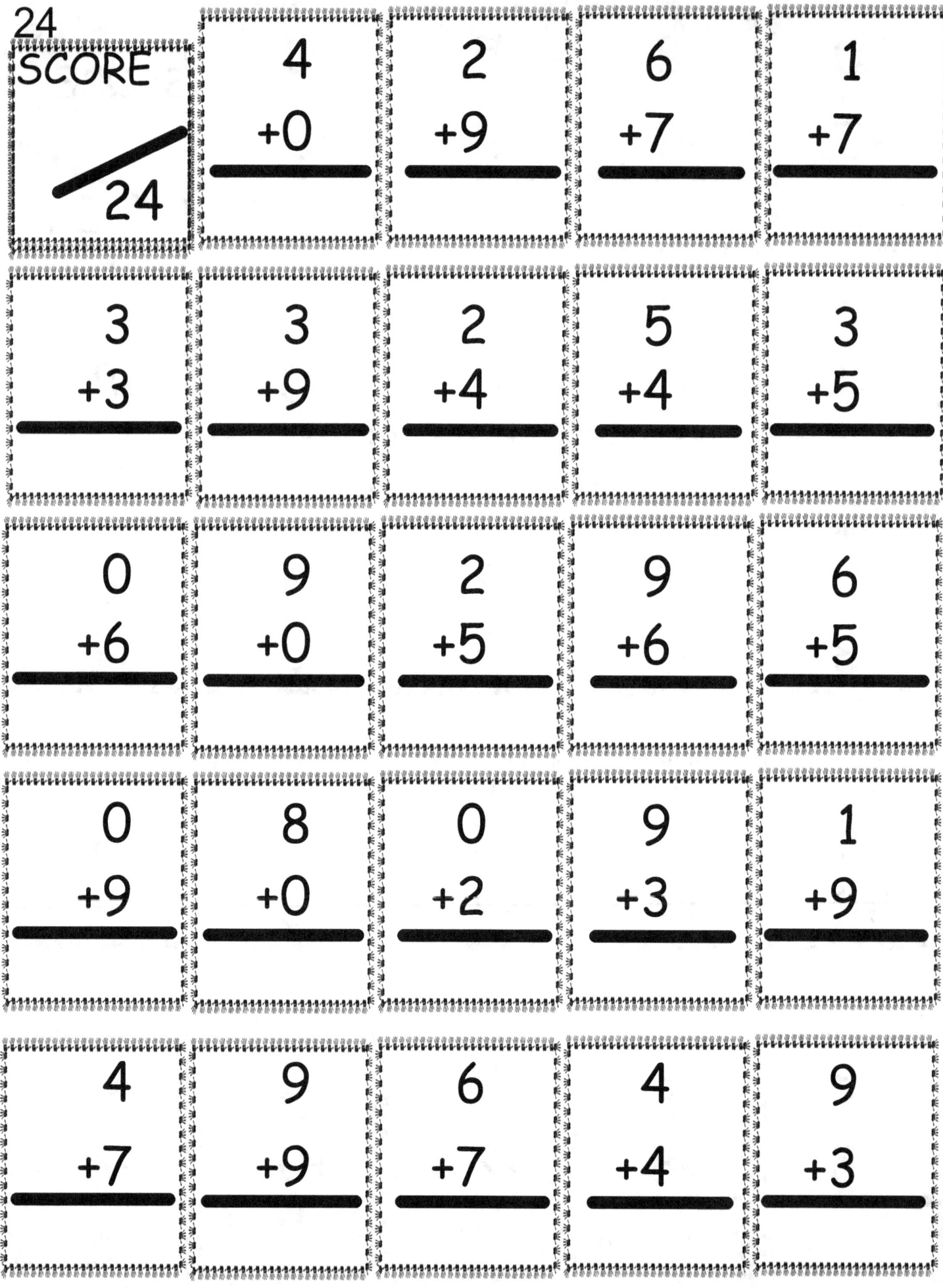

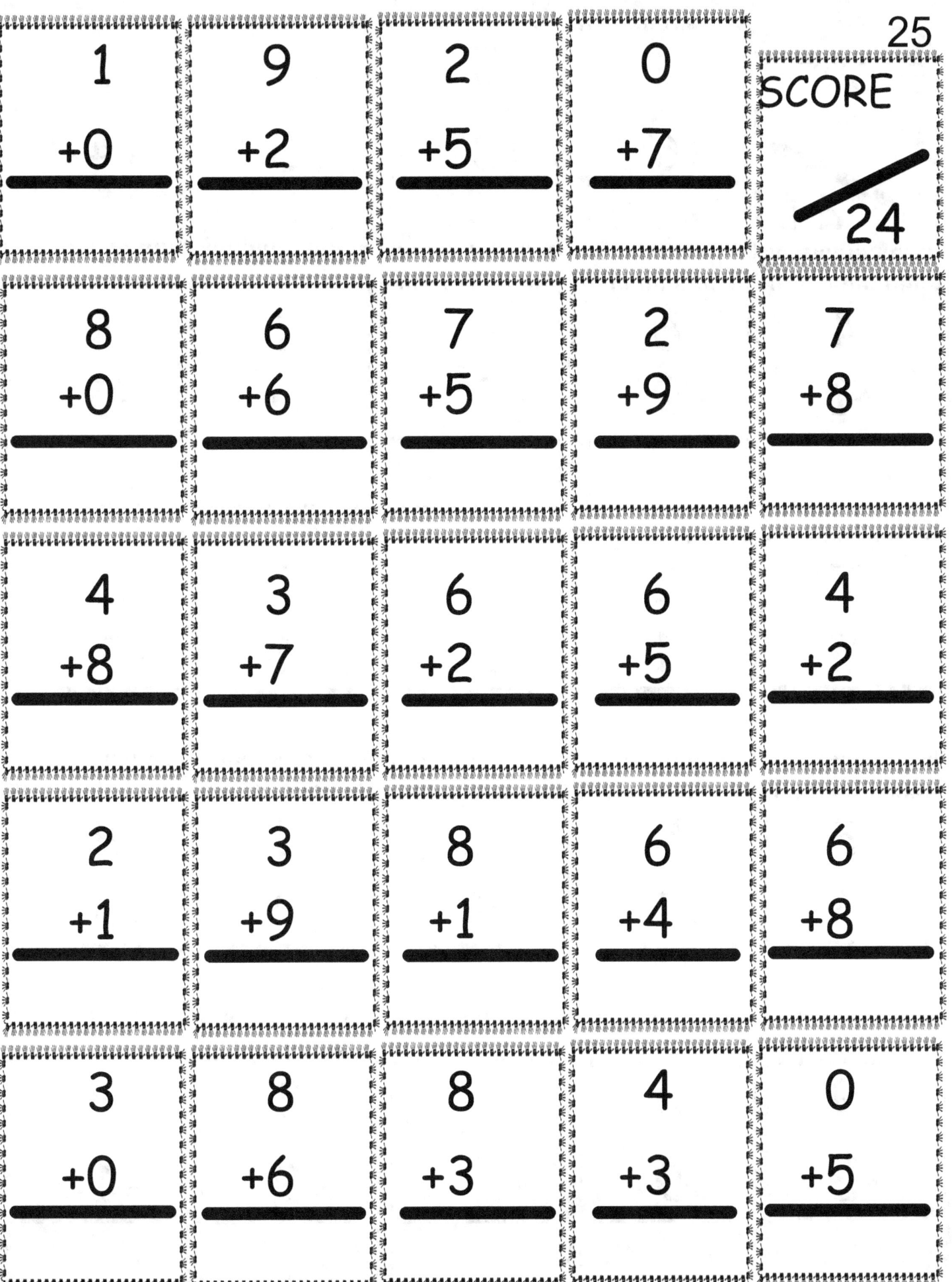

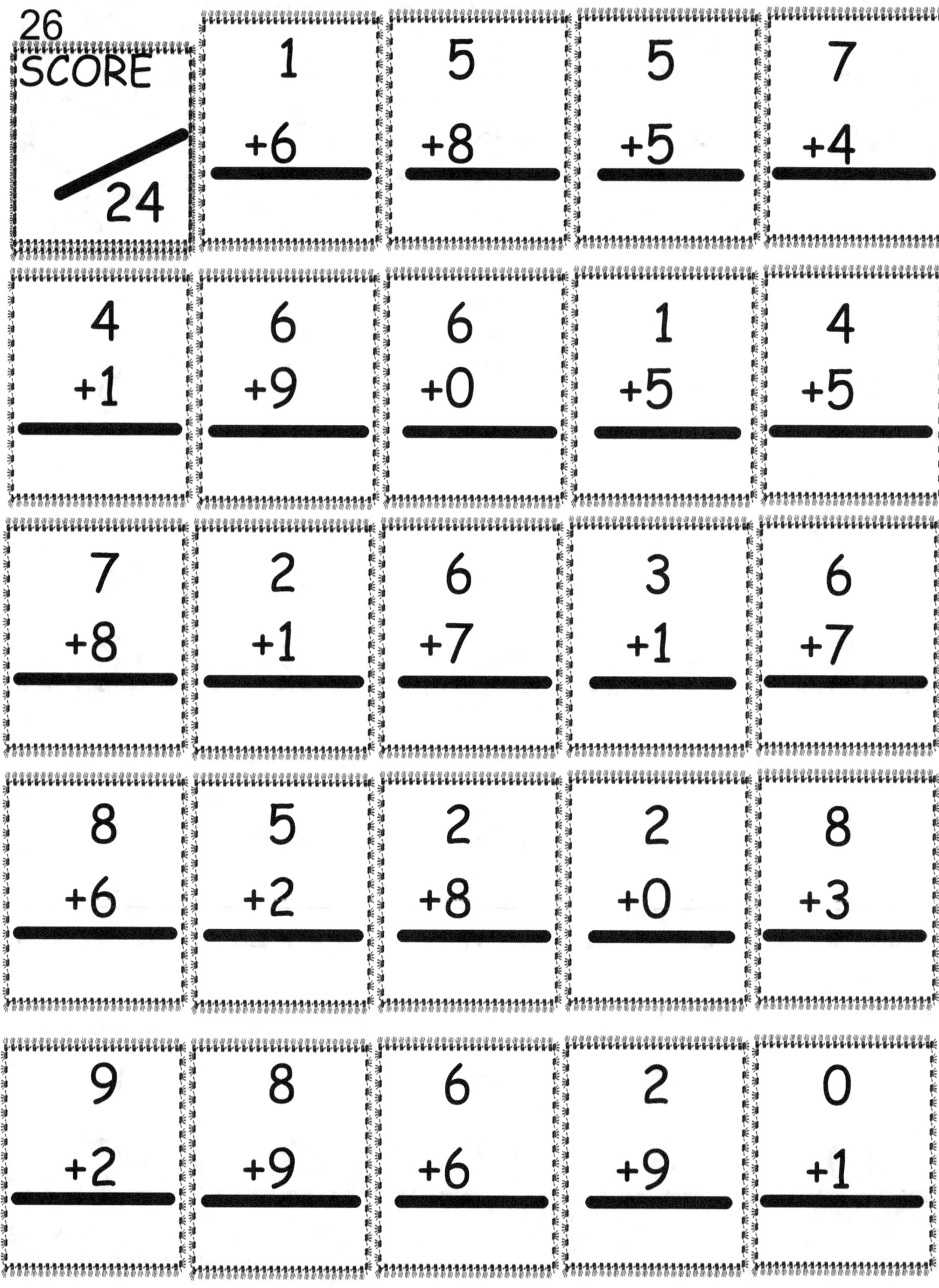

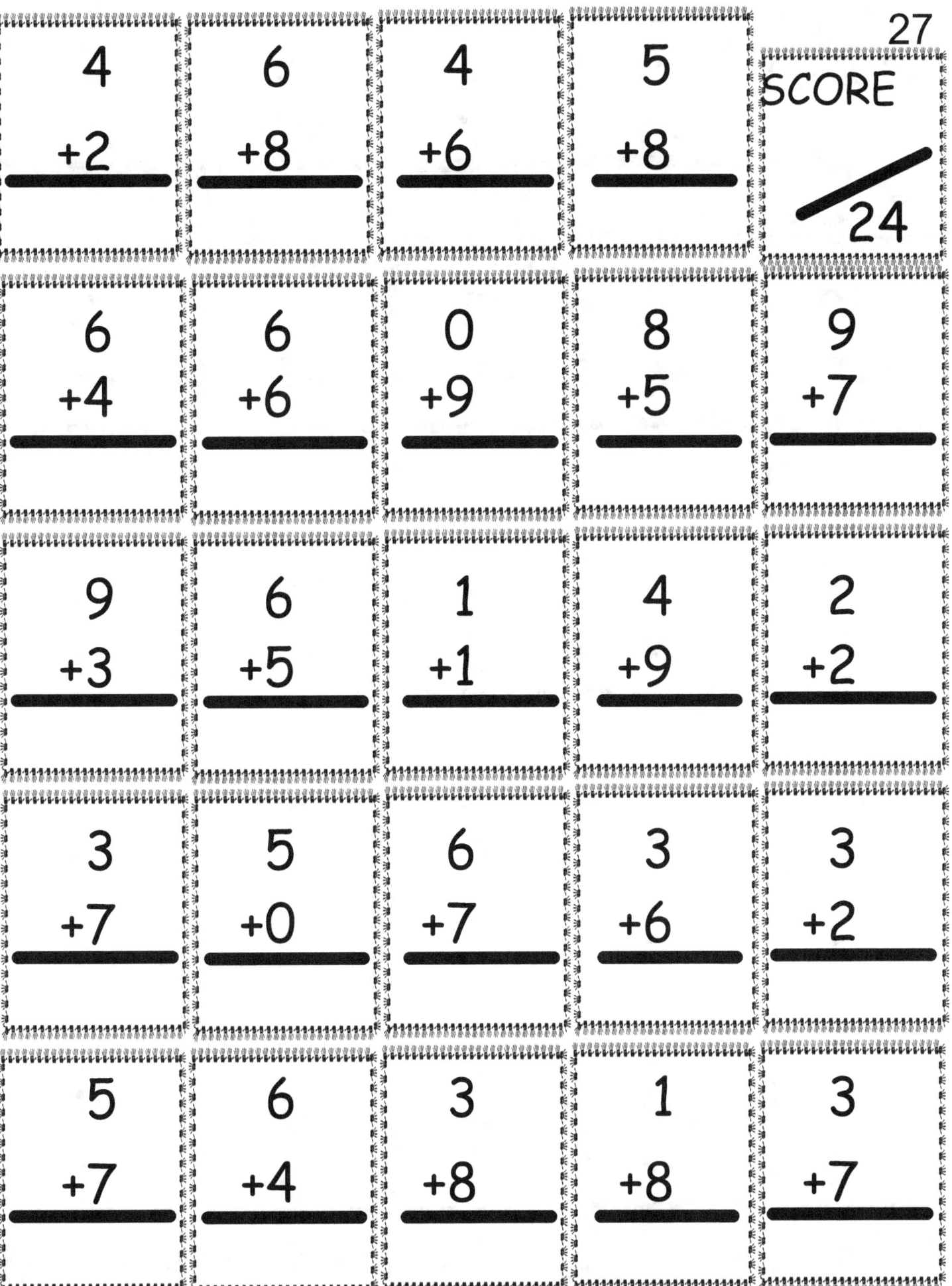

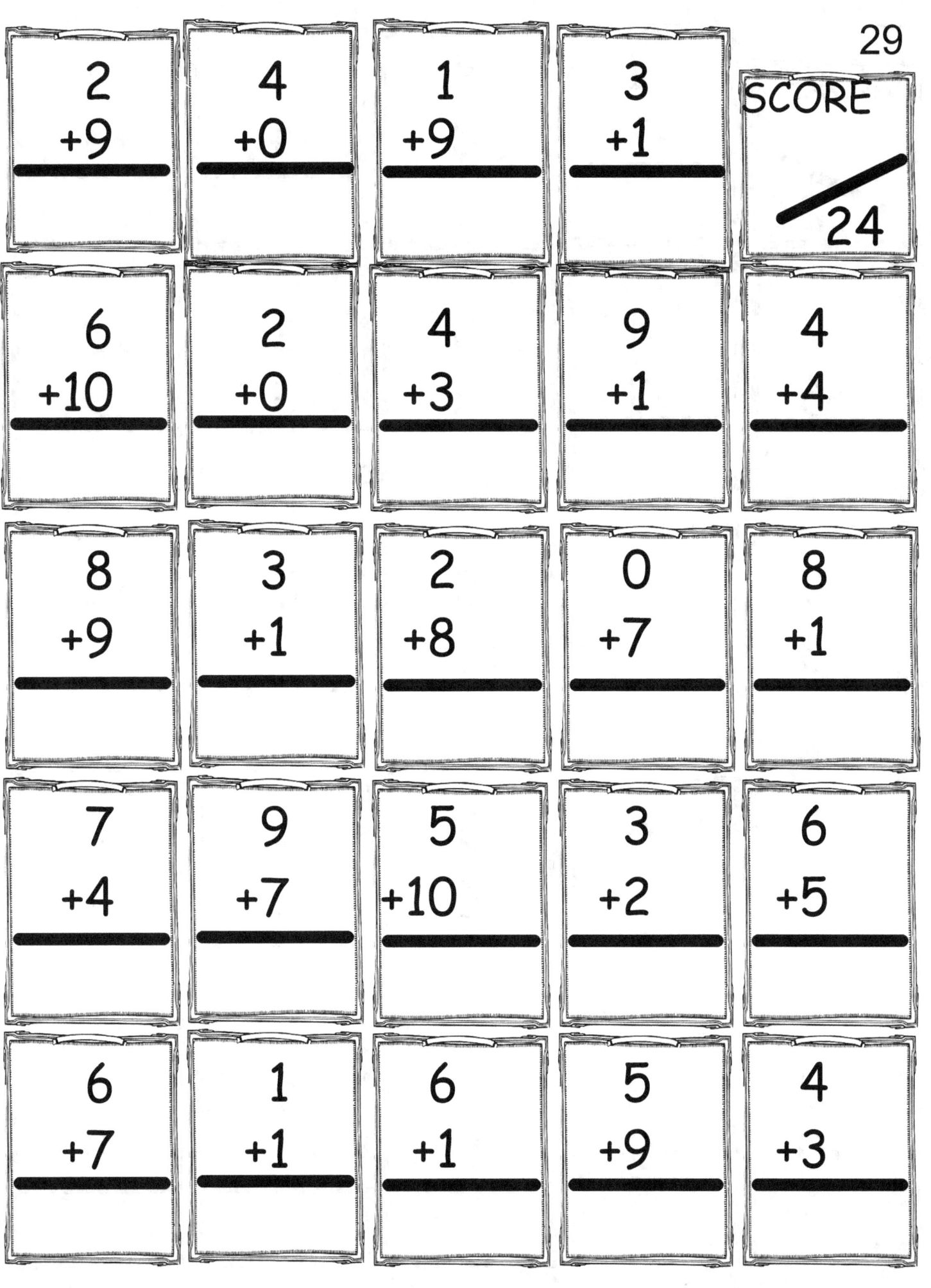

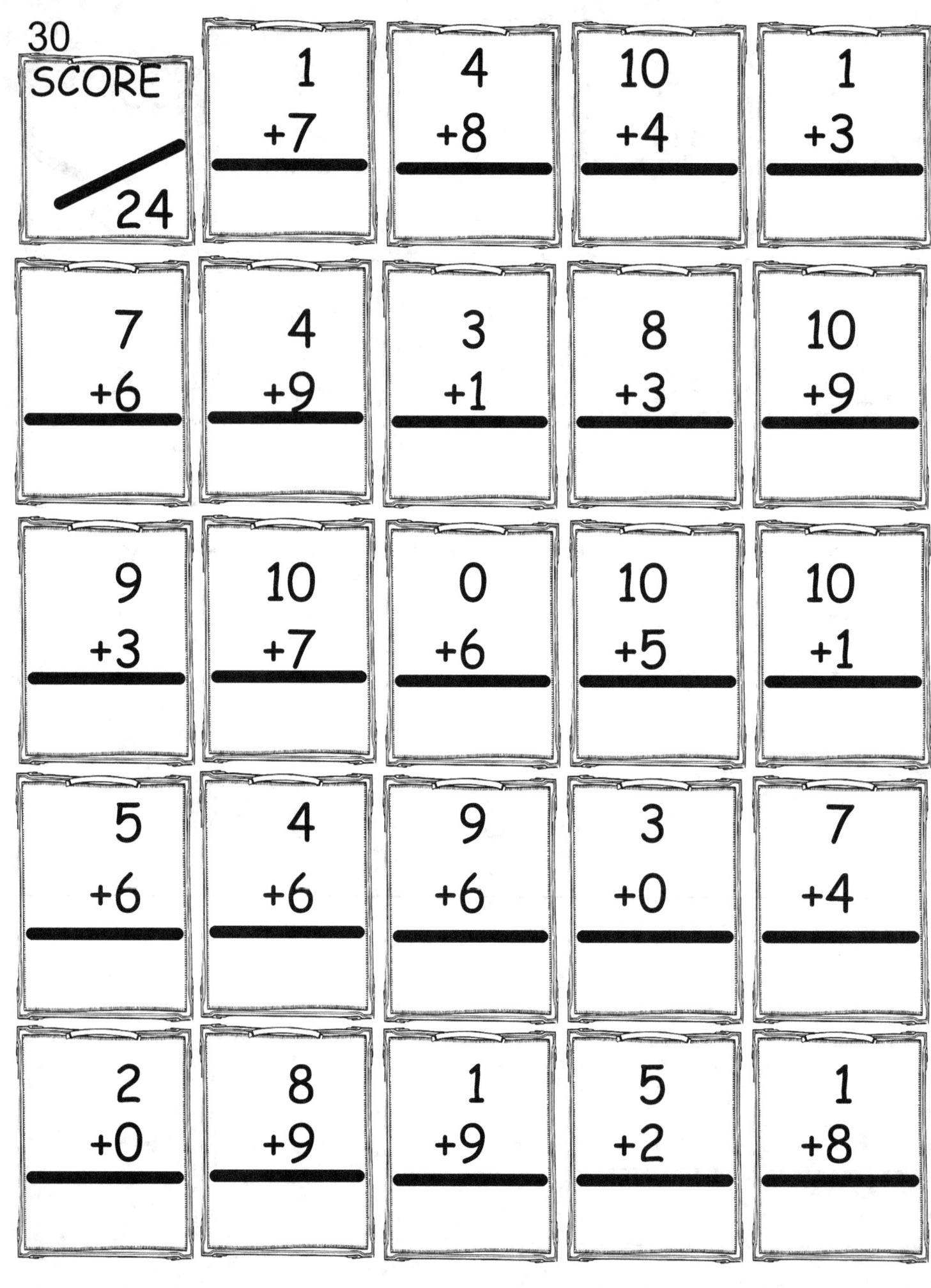

32 SCORE / 24	4 +0	8 +2	1 +6	1 +2
2 +2	10 +5	1 +0	3 +4	4 +3
2 +6	2 +0	4 +5	1 +3	3 +0
7 +1	4 +10	10 +7	10 +6	6 +2
5 +6	7 +6	0 +1	3 +10	10 +6

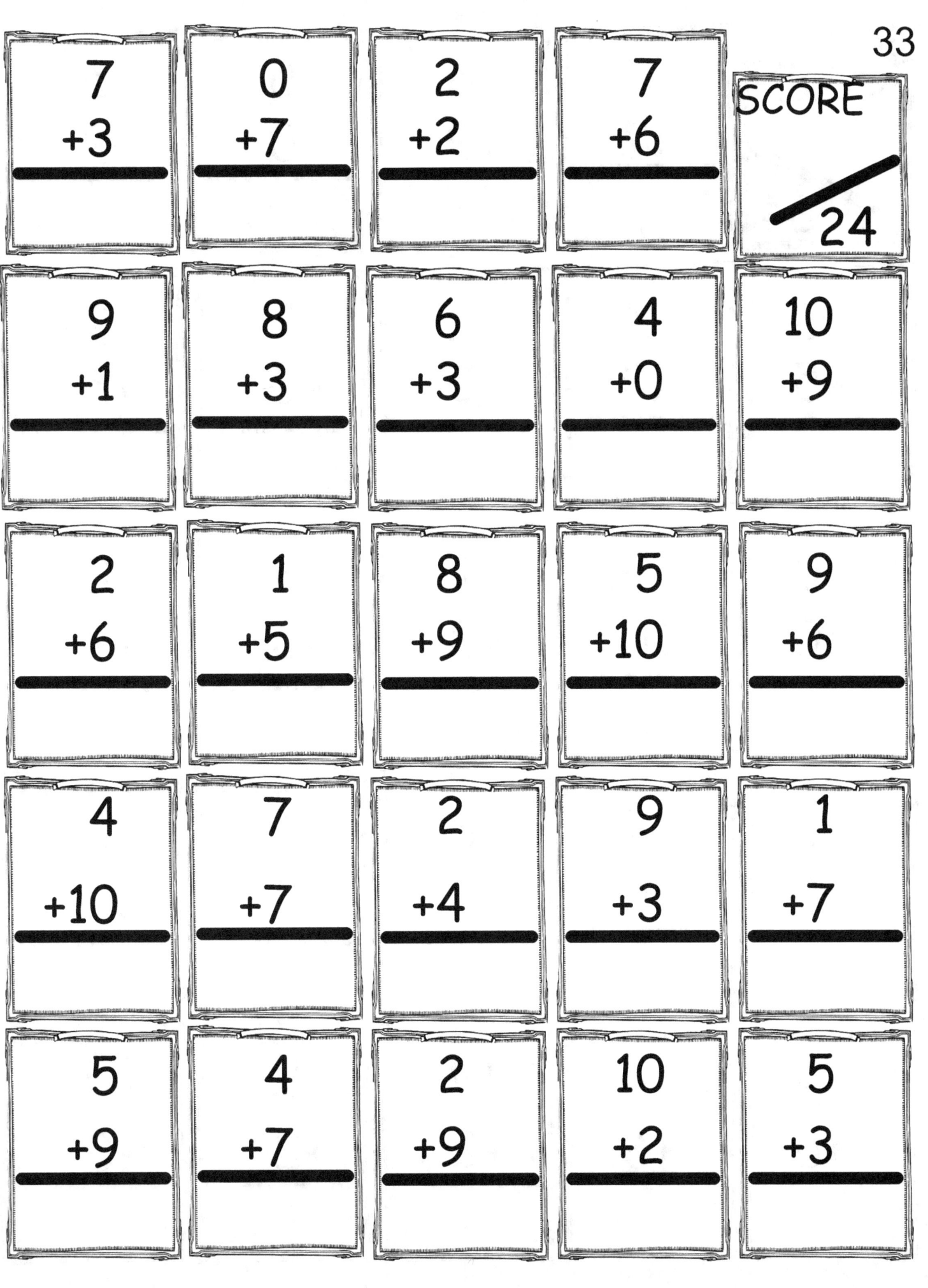

SCORE 34/24

| 0 +7 | 6 +9 | 5 +0 | 5 +9 |

| 6 +5 | 4 +10 | 1 +5 | 7 +3 | 9 +6 |

| 0 +0 | 9 +10 | 7 +8 | 3 +5 | 2 +4 |

| 8 +10 | 1 +10 | 8 +0 | 1 +1 | 7 +10 |

| 3 +6 | 0 +6 | 10 +2 | 5 +2 | 10 +0 |

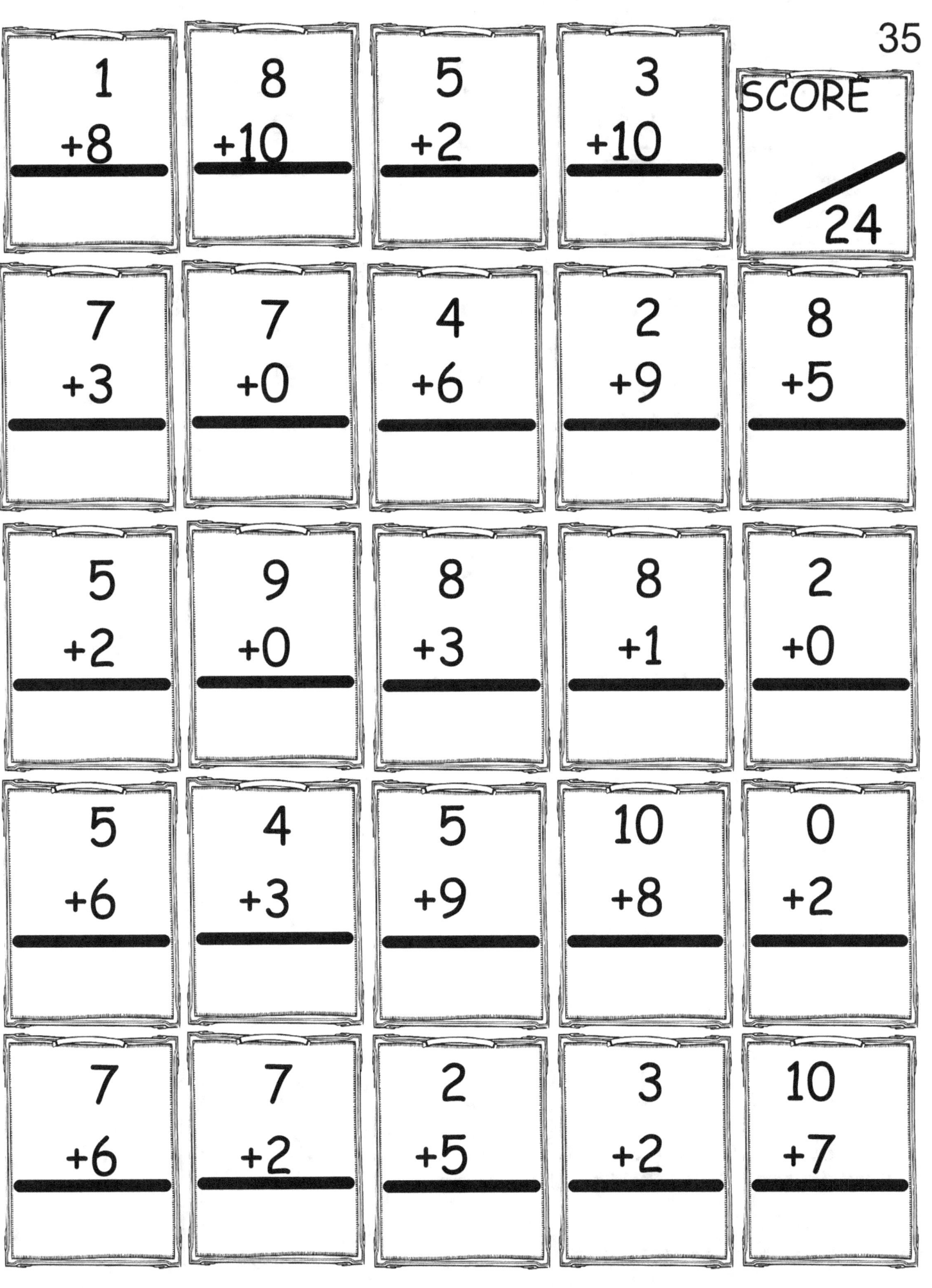

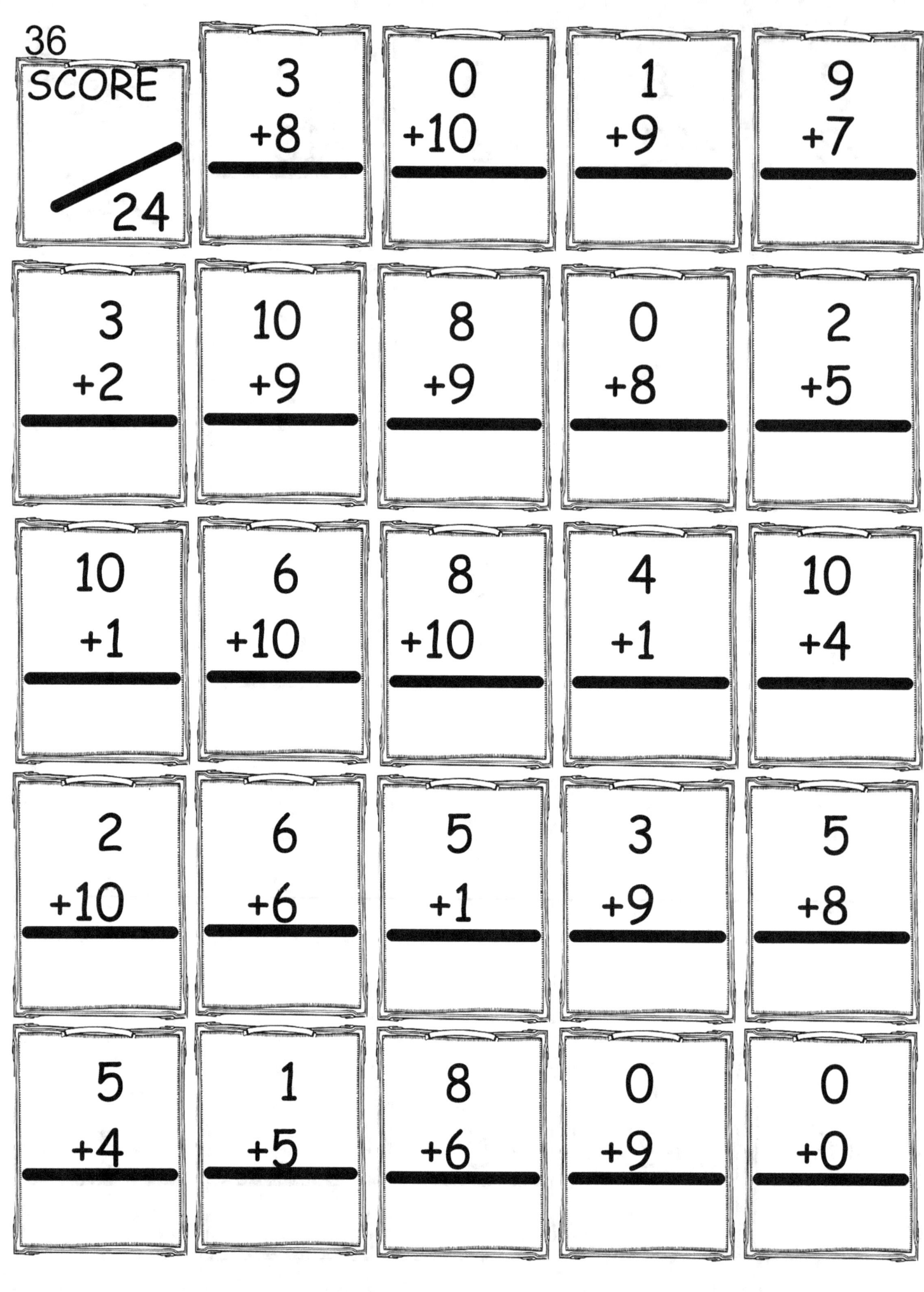

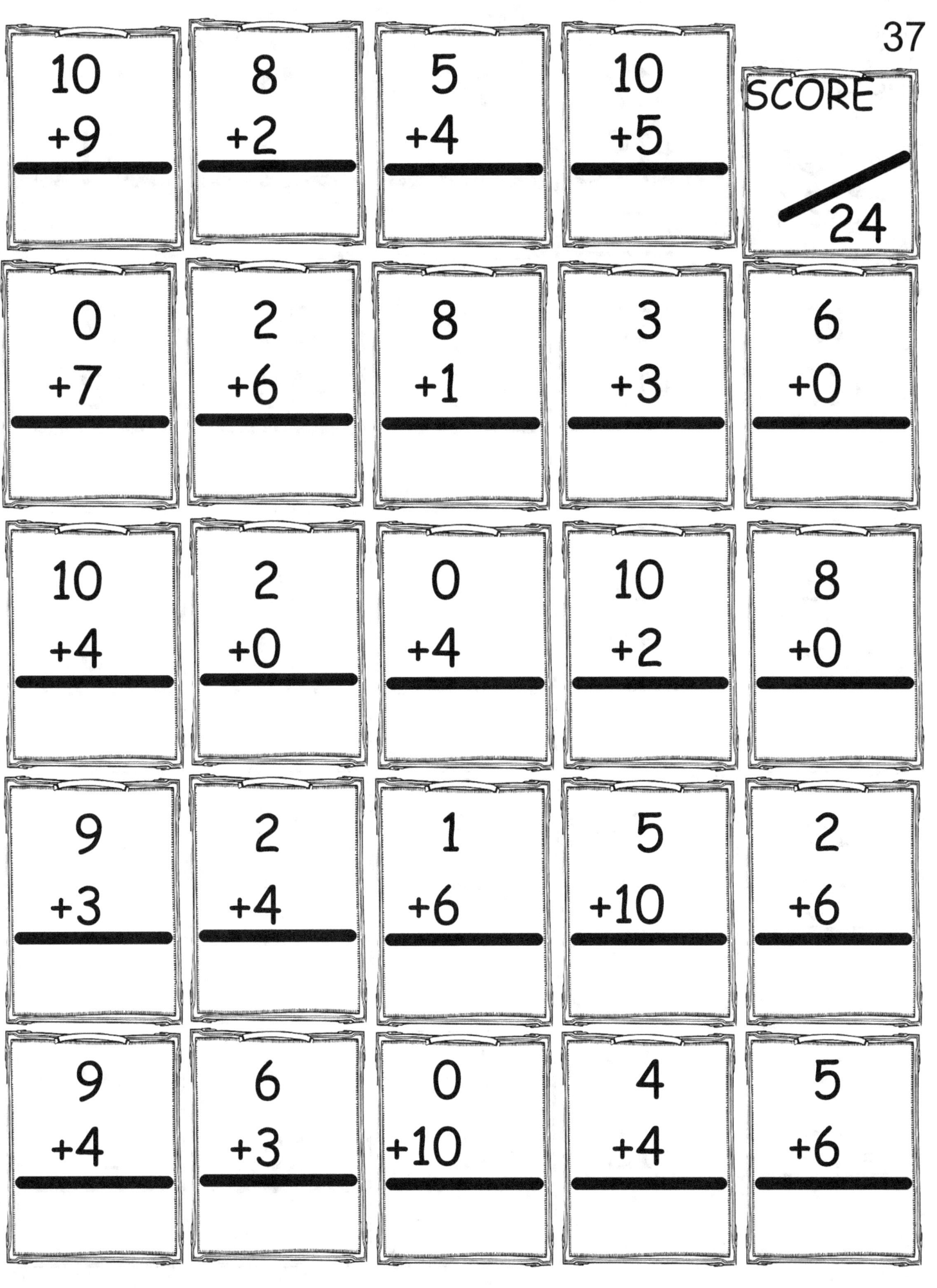

SCORE 38 / 24

17 +19	14 +19	11 +12	18 +11	
17 +11	18 +19	18 +11	20 +18	17 +18
11 +14	17 +12	13 +11	20 +19	12 +13
15 +15	11 +20	18 +12	16 +11	19 +17
12 +13	19 +18	10 +10	14 +18	10 +11

19 +15	11 +15	10 +13	14 +13	SCORE / 24
17 +12	14 +20	11 +19	17 +18	12 +15
16 +13	10 +16	16 +14	12 +19	12 +13
18 +13	10 +14	15 +11	17 +19	11 +12
12 +16	12 +10	11 +17	14 +10	15 +10

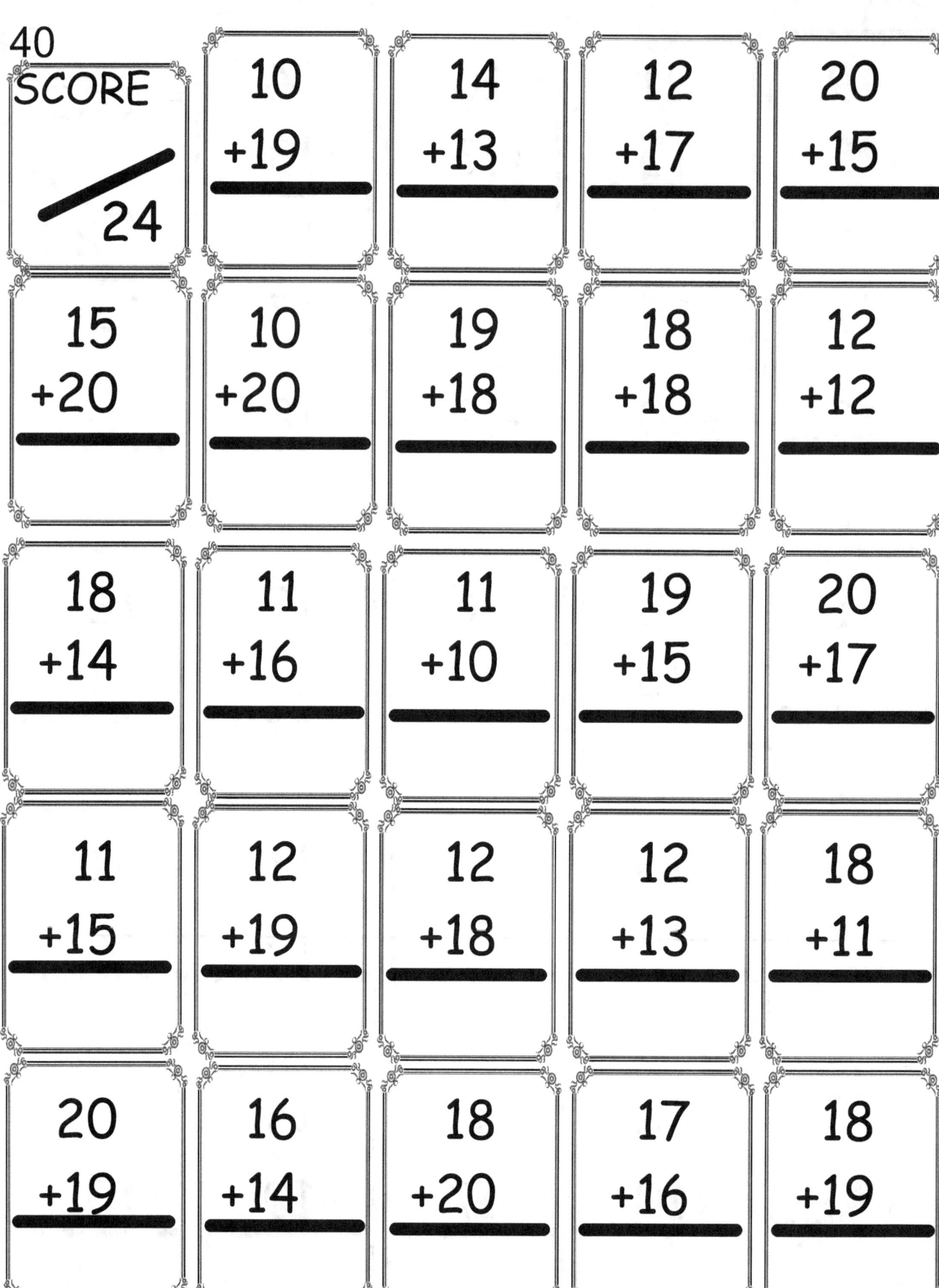

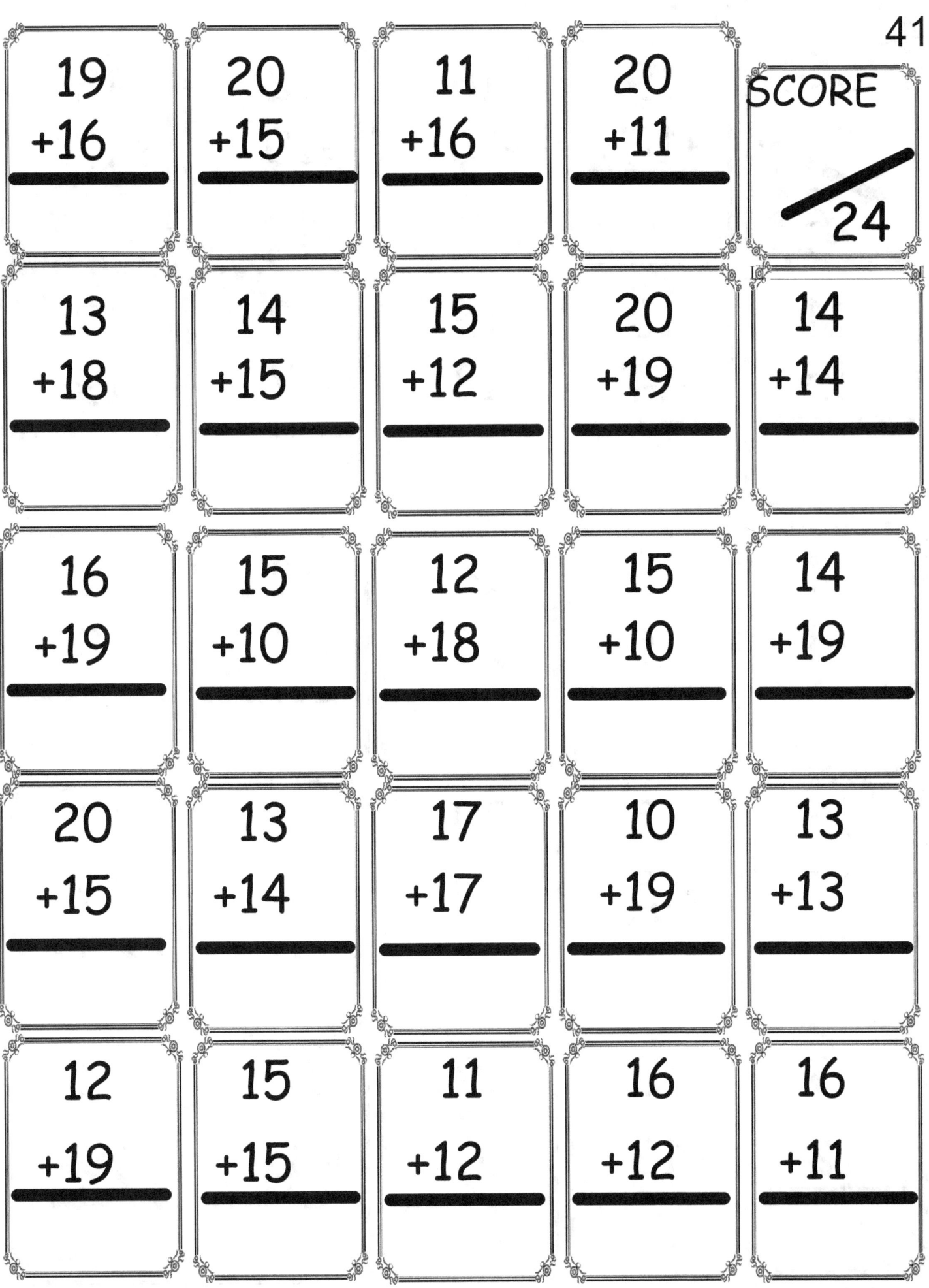

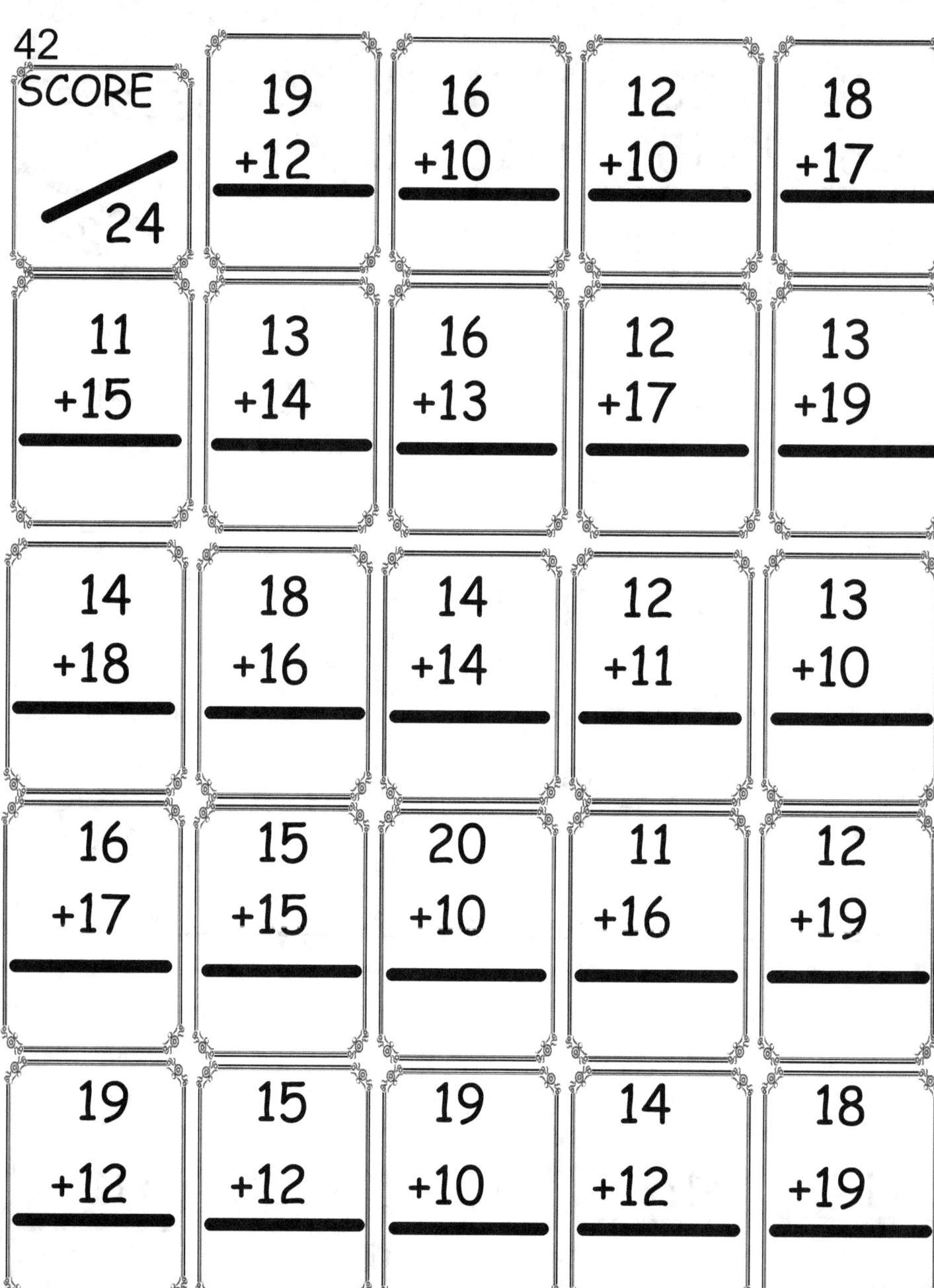

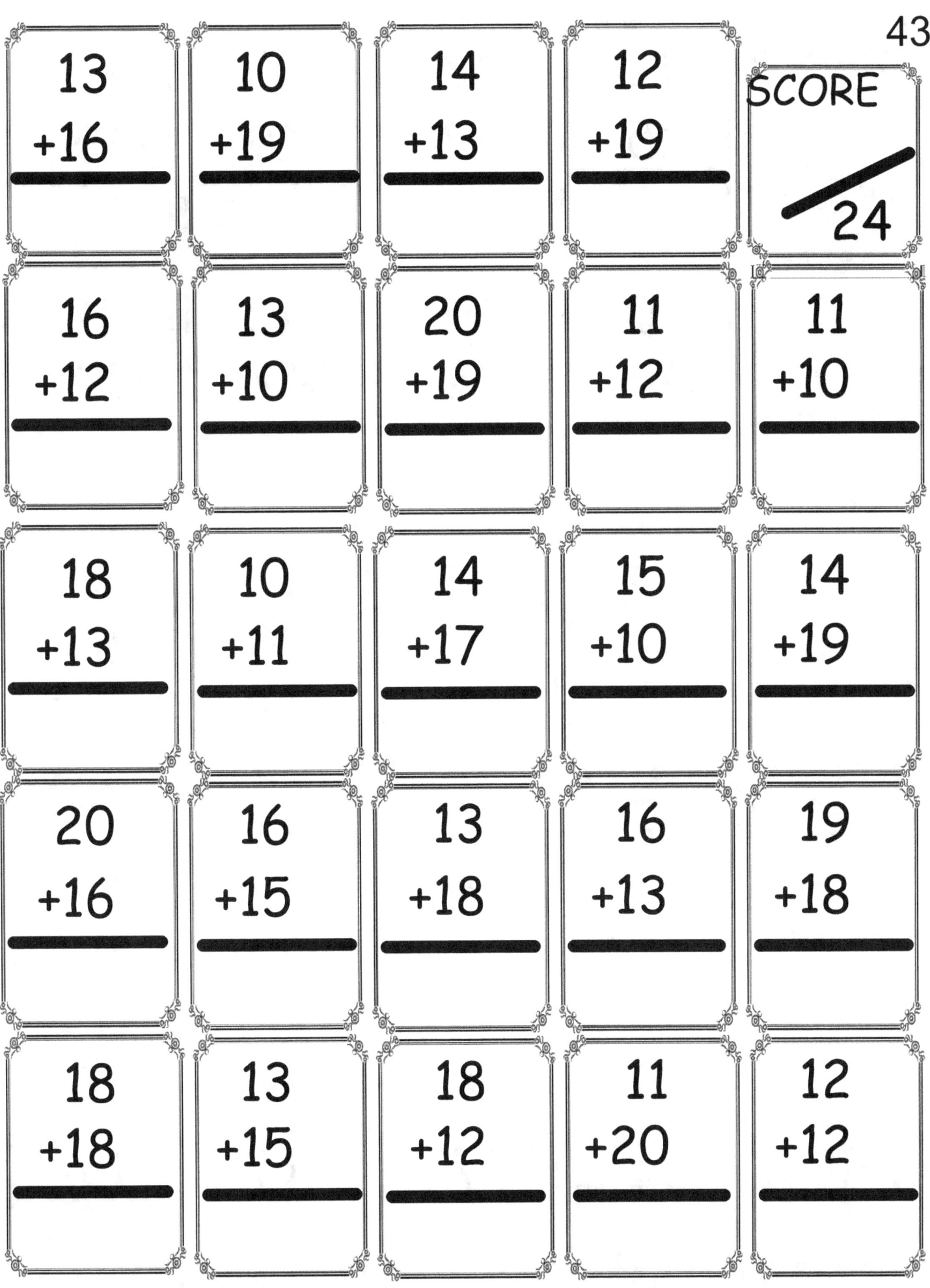

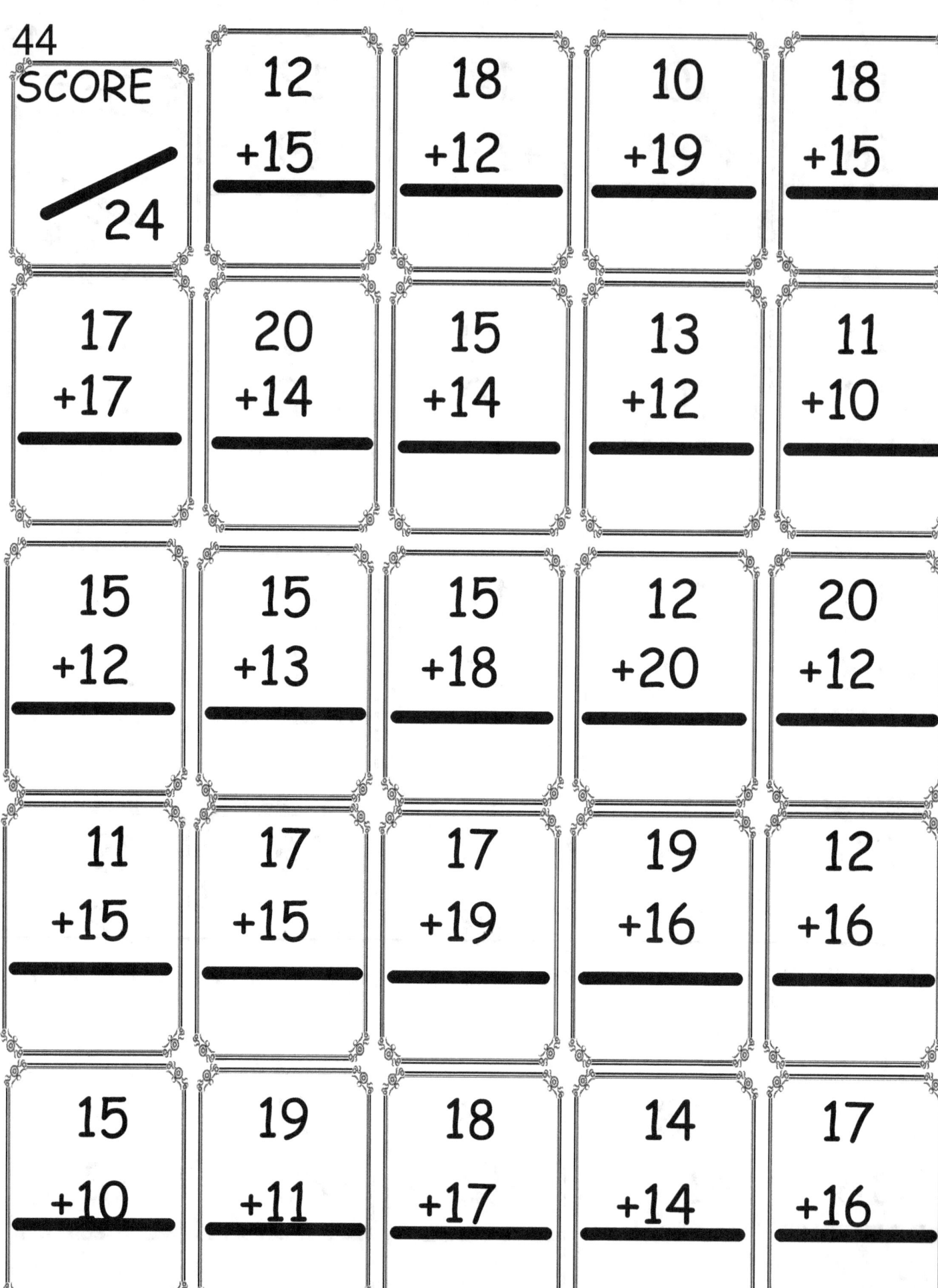

14	17	18	20	SCORE
+15	+19	+13	+15	45/24

12	14	11	20	18
+15	+19	+12	+16	+12

17	20	10	18	17
+13	+16	+13	+10	+17

12	17	14	11	14
+12	+10	+16	+18	+19

16	20	14	12	19
+16	+10	+12	+18	+13

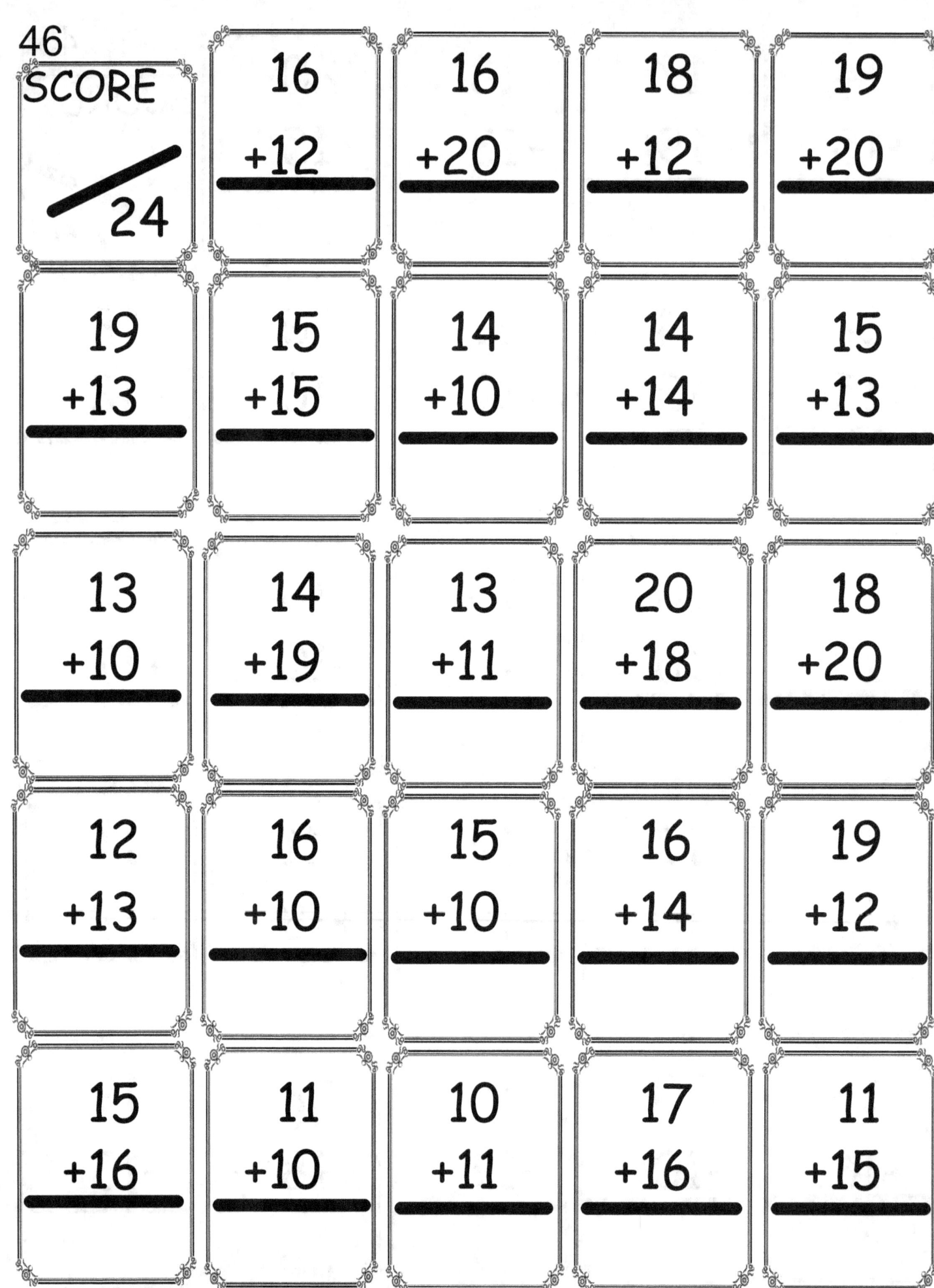

48 SCORE / 24	6 −1 ___	7 −4 ___	7 −1 ___	10 −2 ___
6 −4 ___	7 −3 ___	5 −2 ___	8 −2 ___	8 −3 ___
6 −2 ___	10 −1 ___	9 −3 ___	7 −2 ___	6 −5 ___
10 −6 ___	10 −4 ___	10 −3 ___	7 −0 ___	10 −5 ___
9 −1 ___	8 −4 ___	9 −5 ___	9 −2 ___	9 −4 ___

9	9	6	7	SCORE 49 / 24
-4	-2	-5	-3	

6	7	10	6	7
-0	-6	-1	-1	-0

7	10	9	10	8
-5	-0	-3	-5	-2

8	6	7	9	7
-1	-4	-2	-5	-1

10	8	7	6	6
-6	-7	-7	-2	-3

SCORE 50/24	10 -1	7 -4	8 -5	9 -3
10 -0	9 -2	9 -0	6 -2	6 -1
9 -5	7 -3	9 -4	8 -2	7 -1
9 -3	10 -5	8 -3	10 -7	6 -3
8 -0	6 -5	6 -0	7 -0	10 -8

9	7	8	10	51 SCORE / 24
−4	−5	−5	−1	

8	9	6	10	6
−2	−0	−2	−0	−4

10	9	7	7	8
−5	−2	−3	−2	−1

6	6	6	10	9
−5	−1	−3	−2	−5

7	8	7	10	6
−1	−0	−4	−3	−2

52 SCORE / 24	10 −4	8 −1	6 −1	10 −0
8 −0	10 −1	7 −4	9 −5	6 −3
8 −3	6 −0	9 −3	7 −5	6 −2
8 −2	8 −4	10 −3	6 −5	7 −2
9 −5	9 −6	8 −7	7 −3	6 −6

10	10	7	6	53 SCORE /24
-0	-4	-4	-2	

7	8	6	7	9
-3	-3	-5	-0	-7

10	9	6	9	6
-6	-5	-4	-8	-3

7	6	7	9	7
-7	-3	-1	-0	-6

10	7	8	8	9
-2	-5	-1	-5	-4

54 SCORE / 24	9 −5	7 −0	6 −5	10 −1
6 −4	7 −1	7 −6	8 −2	10 −5
8 −1	8 −4	9 −4	9 −2	10 −2
9 −3	10 −0	8 −6	7 −3	9 −1
6 −6	9 −0	8 −5	6 −3	10 −3

				55
9 -1 ——	10 -3 ——	6 -1 ——	10 -5 ——	SCORE /24
6 -4 ——	9 -0 ——	10 -4 ——	7 -2 ——	8 -0 ——
9 -5 ——	8 -4 ——	8 -1 ——	7 -3 ——	10 -2 ——
9 -2 ——	6 -2 ——	6 -5 ——	7 -4 ——	9 -6 ——
7 -0 ——	6 -0 ——	8 -6 ——	6 -3 ——	7 -6 ——

56 SCORE / 24

| 8 -5 | 10 -9 | 6 -3 | 6 -5 |

| 8 -1 | 10 -3 | 8 -2 | 7 -3 | 9 -1 |

| 8 -6 | 10 -5 | 6 -6 | 7 -1 | 6 -4 |

| 8 -4 | 6 -4 | 10 -4 | 9 -6 | 9 -5 |

| 9 -4 | 10 -1 | 10 -8 | 10 -2 | 7 -5 |

9	9	8	6	SCORE 57
-1	-0	-2	-0	/ 24

7	8	8	9	6
-2	-1	-2	-4	-2

8	9	6	10	10
-0	-0	-2	-5	-4

6	9	7	9	6
-1	-4	-4	-0	-1

9	10	10	9	10
-0	-5	-1	-1	-0

SCORE 58 ~~24~~

18 −15	20 −19	17 −15	20 −15

20 −11	16 −15	20 −14	16 −14	20 −13
19 −12	17 −12	19 −14	20 −10	17 −16
17 −13	19 −15	18 −10	19 −12	20 −15
16 −10	16 −13	20 −17	17 −14	17 −11

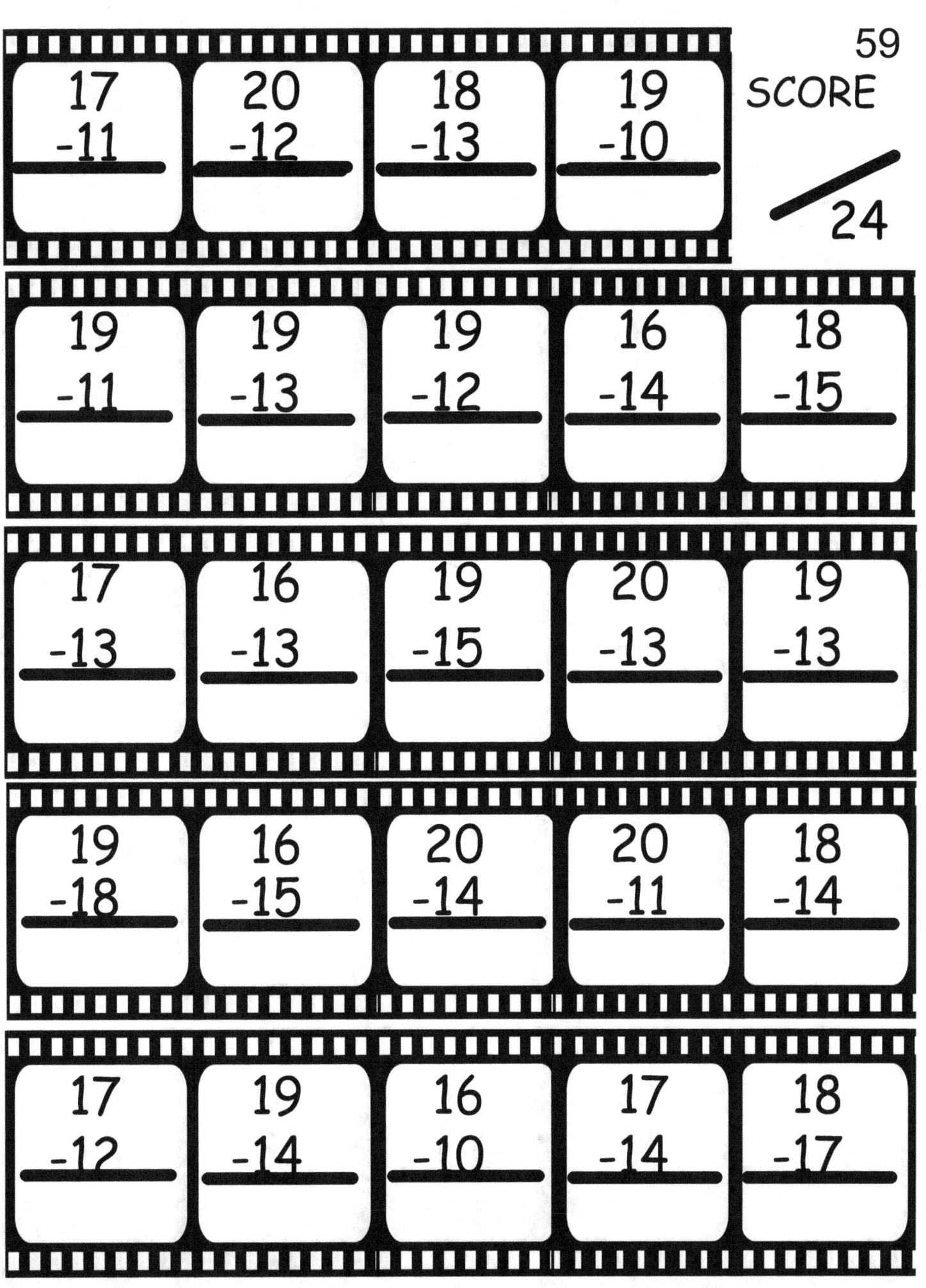

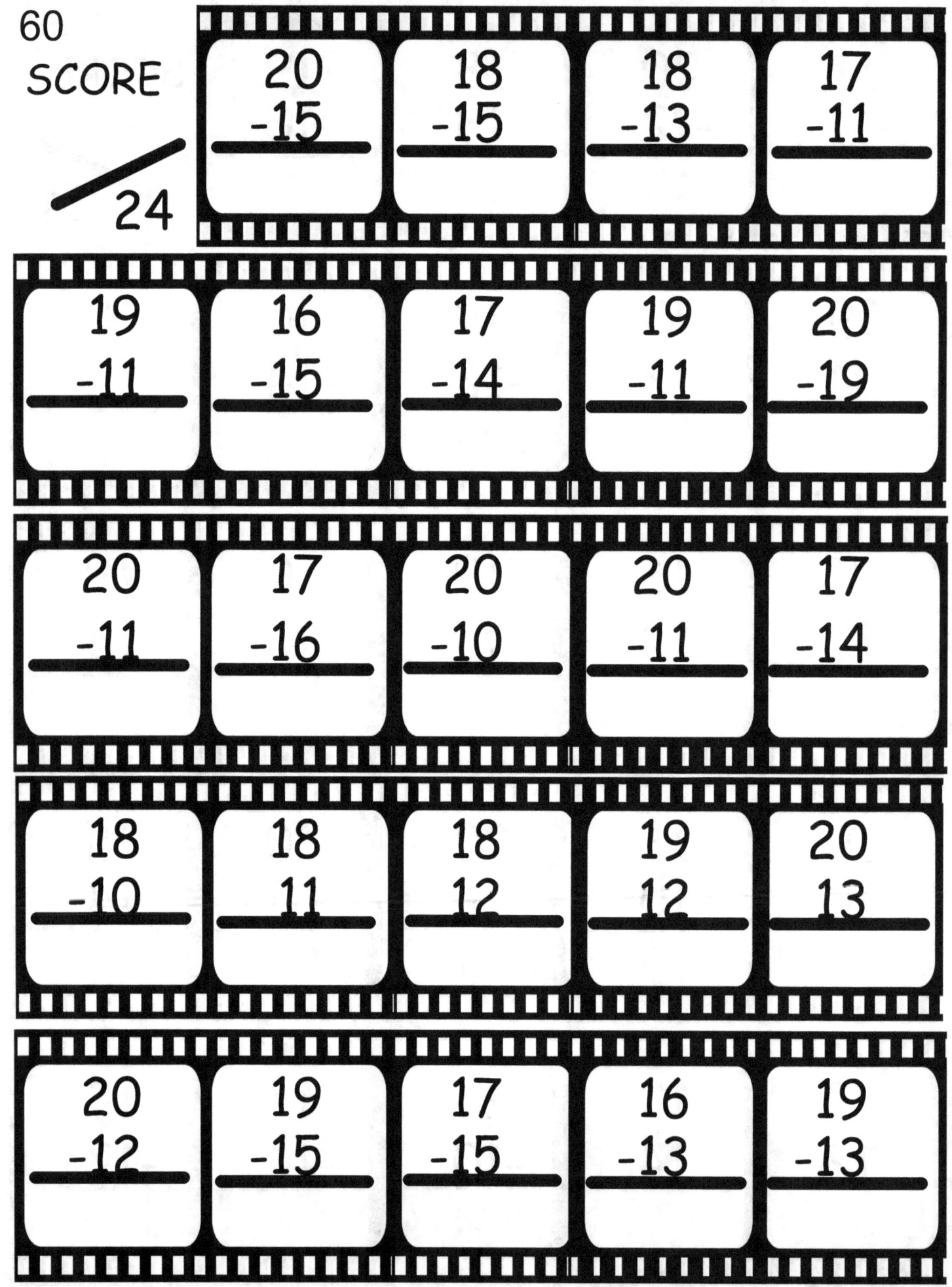

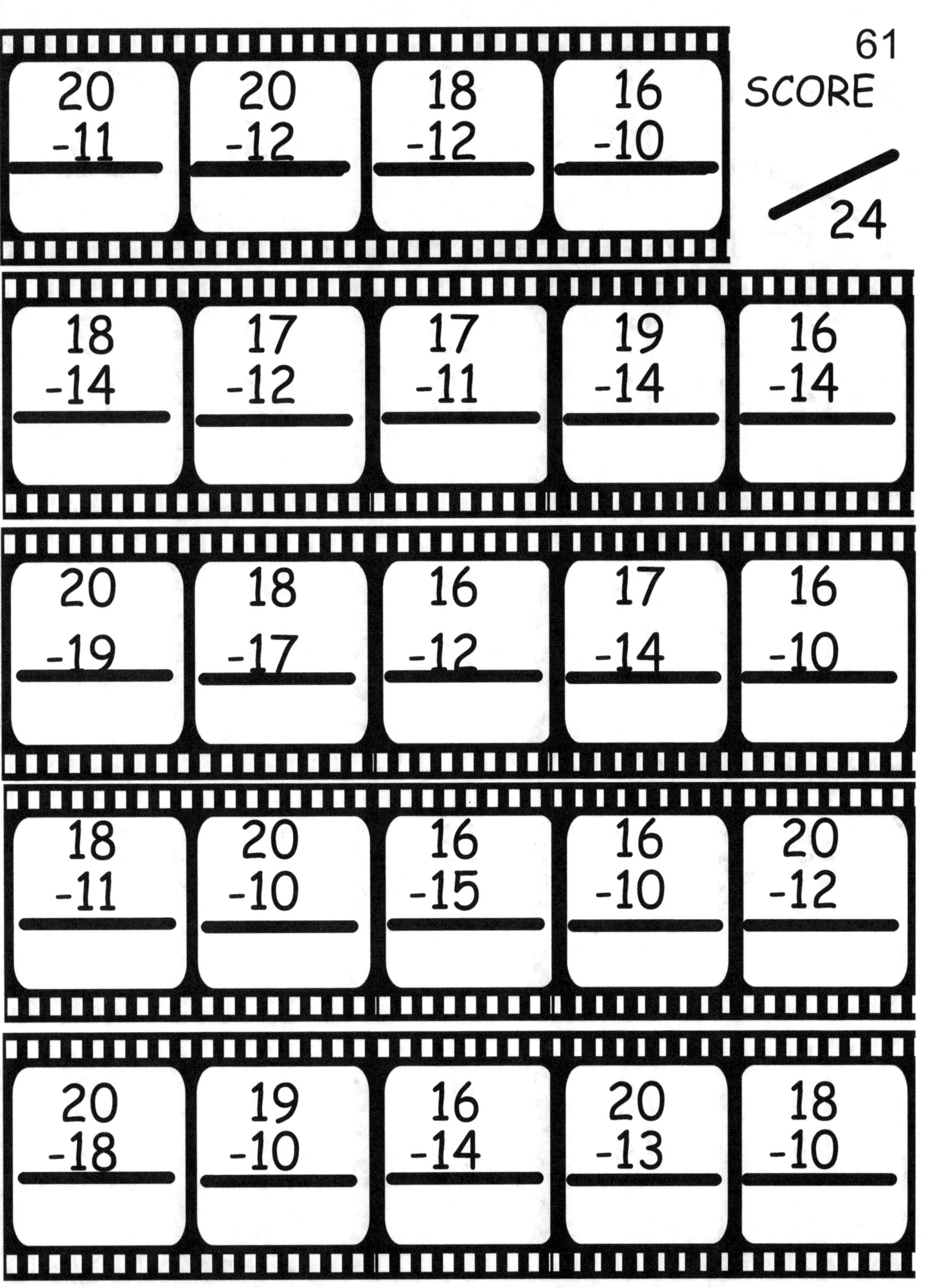

62 SCORE / 24

16 −10	20 −11	16 −15	20 −13

19 −14	19 −13	20 −15	19 −12	17 −15

18 −10	18 −12	16 −13	18 −13	20 −19

16 −11	17 −14	18 −11	18 −17	20 −14

18 −14	16 −14	19 −18	18 −16	18 −14

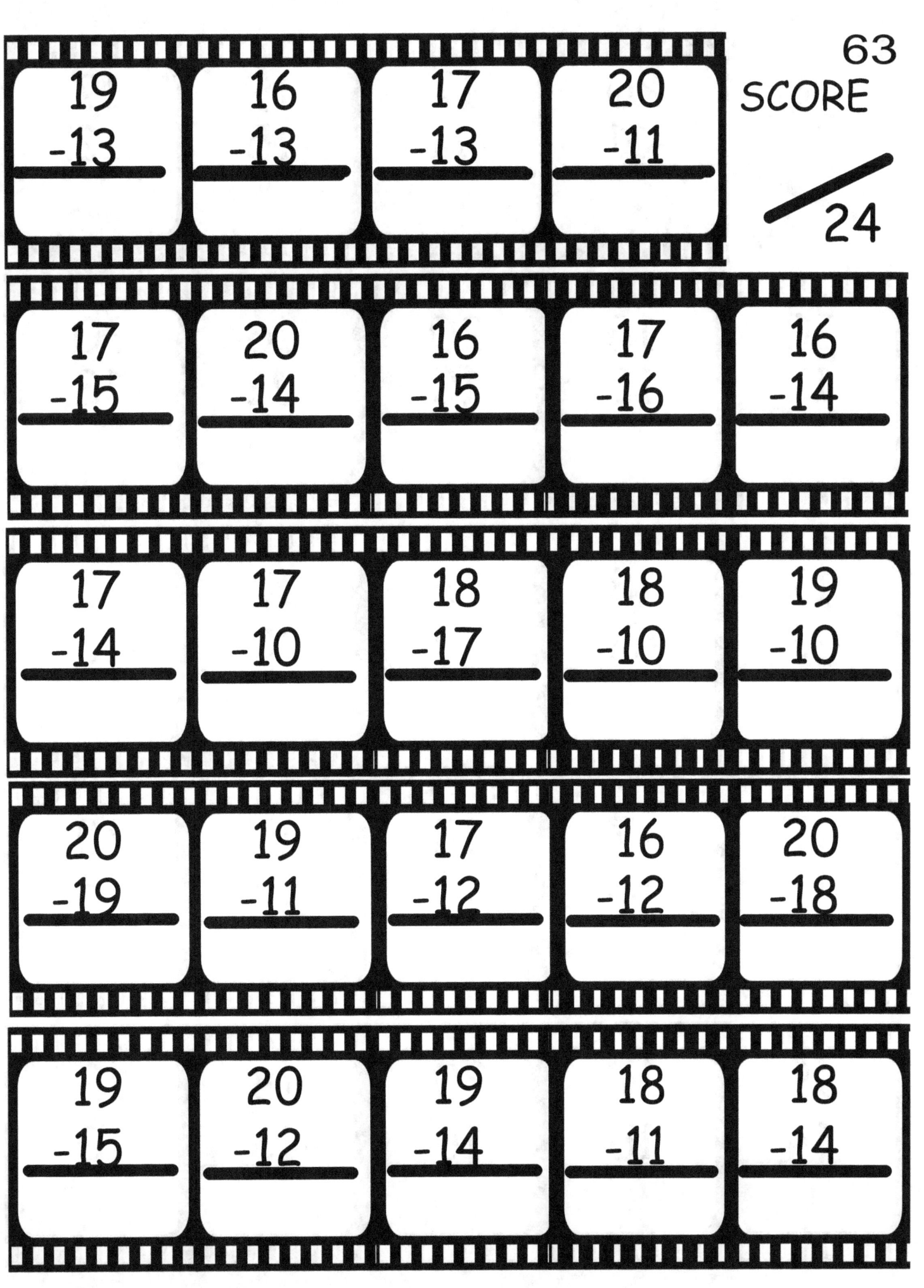

SCORE 64 / 24

20 − 11	17 − 11	19 − 15	17 − 12

20 − 18	18 − 12	20 − 10	16 − 11	20 − 13
19 − 12	18 − 11	16 − 14	17 − 10	17 − 15
17 − 13	17 − 14	18 − 10	17 − 17	20 − 15
19 − 14	17 − 16	20 − 16	18 − 13	19 − 10

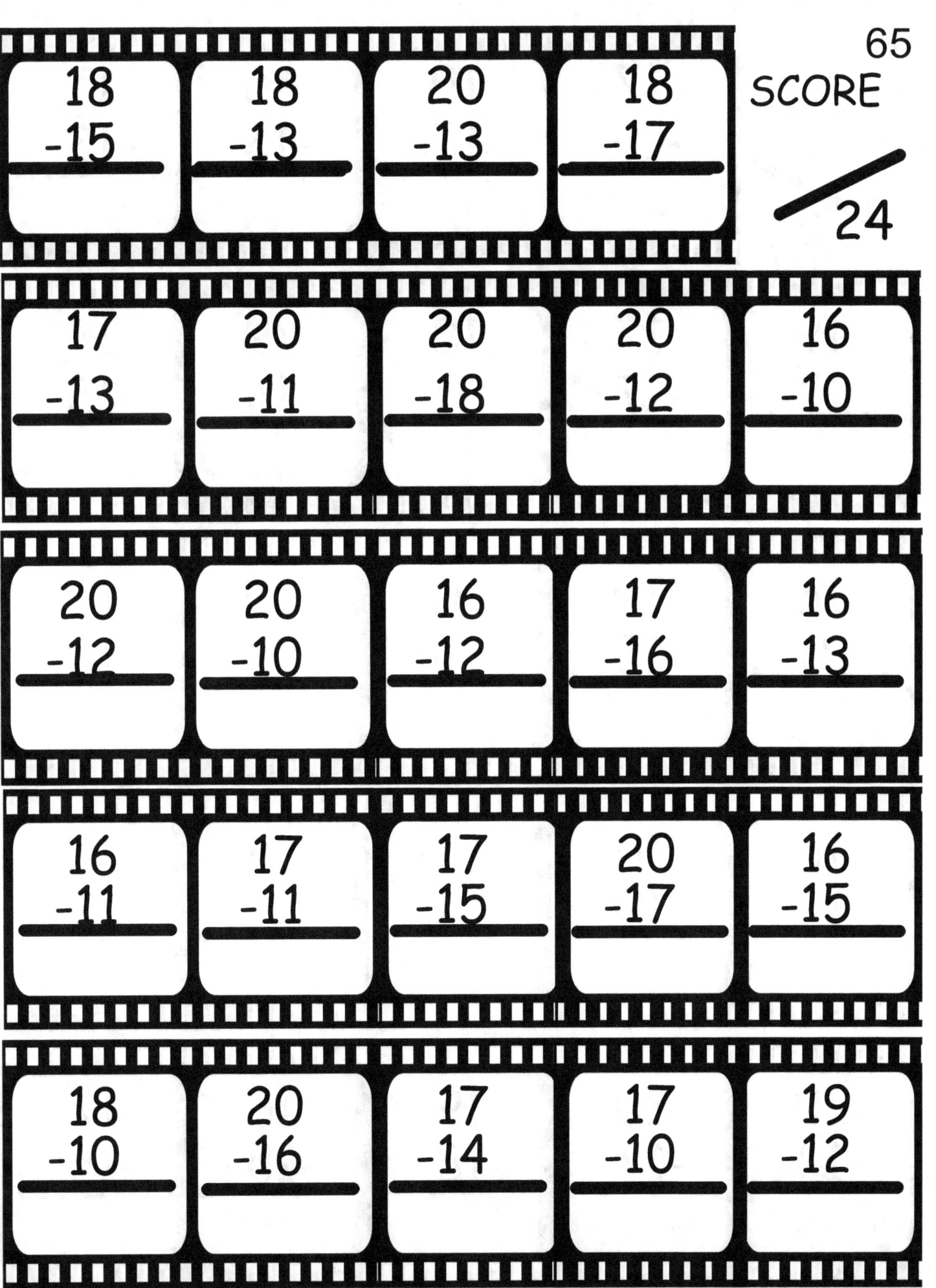

66 SCORE

| 17 -10 | 19 -15 | 16 -13 | 17 -13 |

| 19 -17 | 17 -17 | 18 -11 | 19 -14 | 18 -15 |

| 16 -11 | 20 -18 | 20 -15 | 19 -10 | 20 -13 |

| 16 -14 | 20 -10 | 17 -11 | 16 -16 | 18 -10 |

| 20 -14 | 20 -17 | 19 -18 | 16 -15 | 17 -15 |

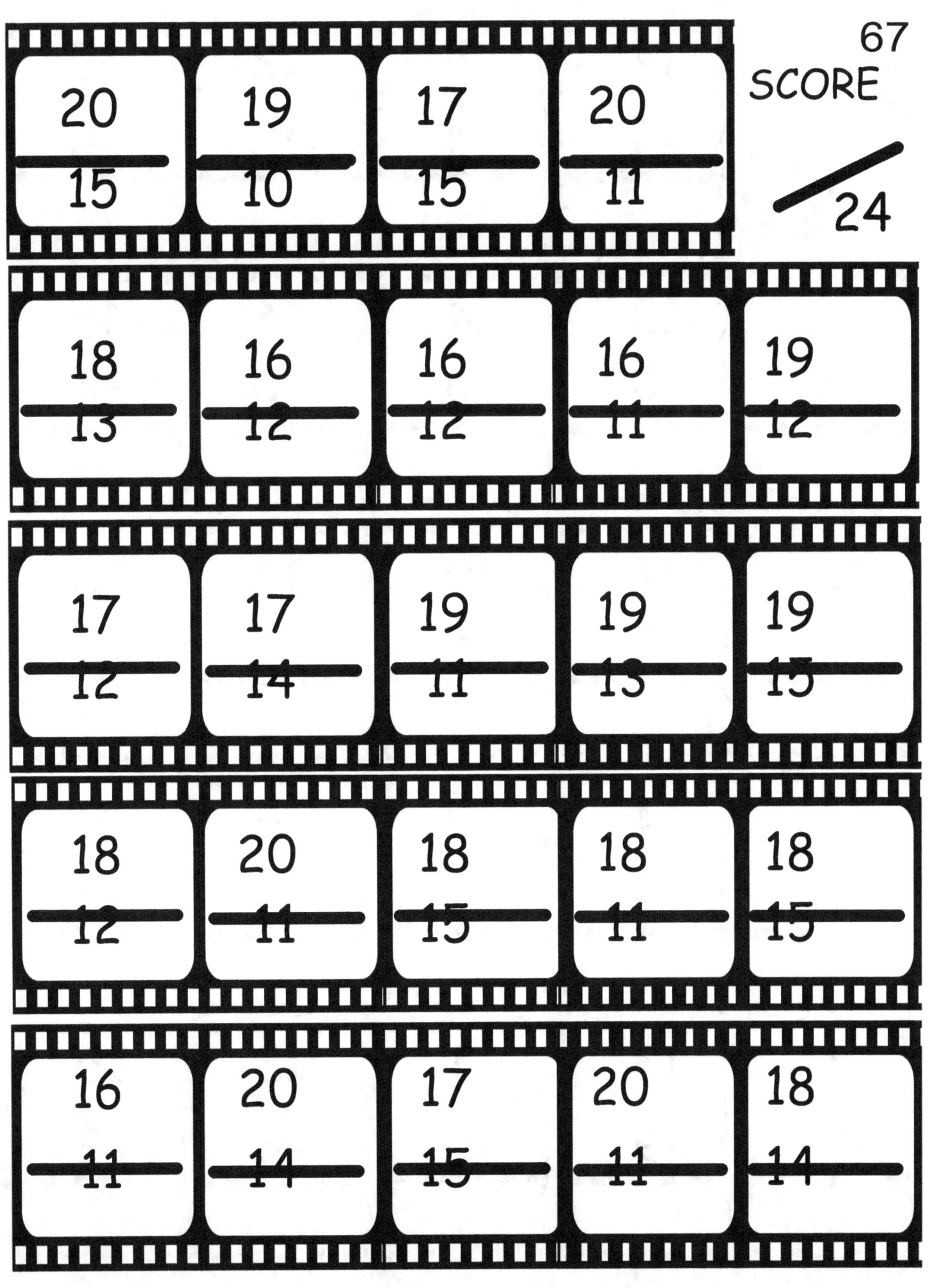

SCORE /24

14	15	12	19
-9	-4	-10	-5

17	18	14	16	18
-1	-5	-8	-5	-2

17	14	20	14	20
-6	-0	-5	-1	-6

19	14	19	15	11
-3	-3	-1	-10	-5

16	13	13	18	15
-3	-9	-5	-6	-2

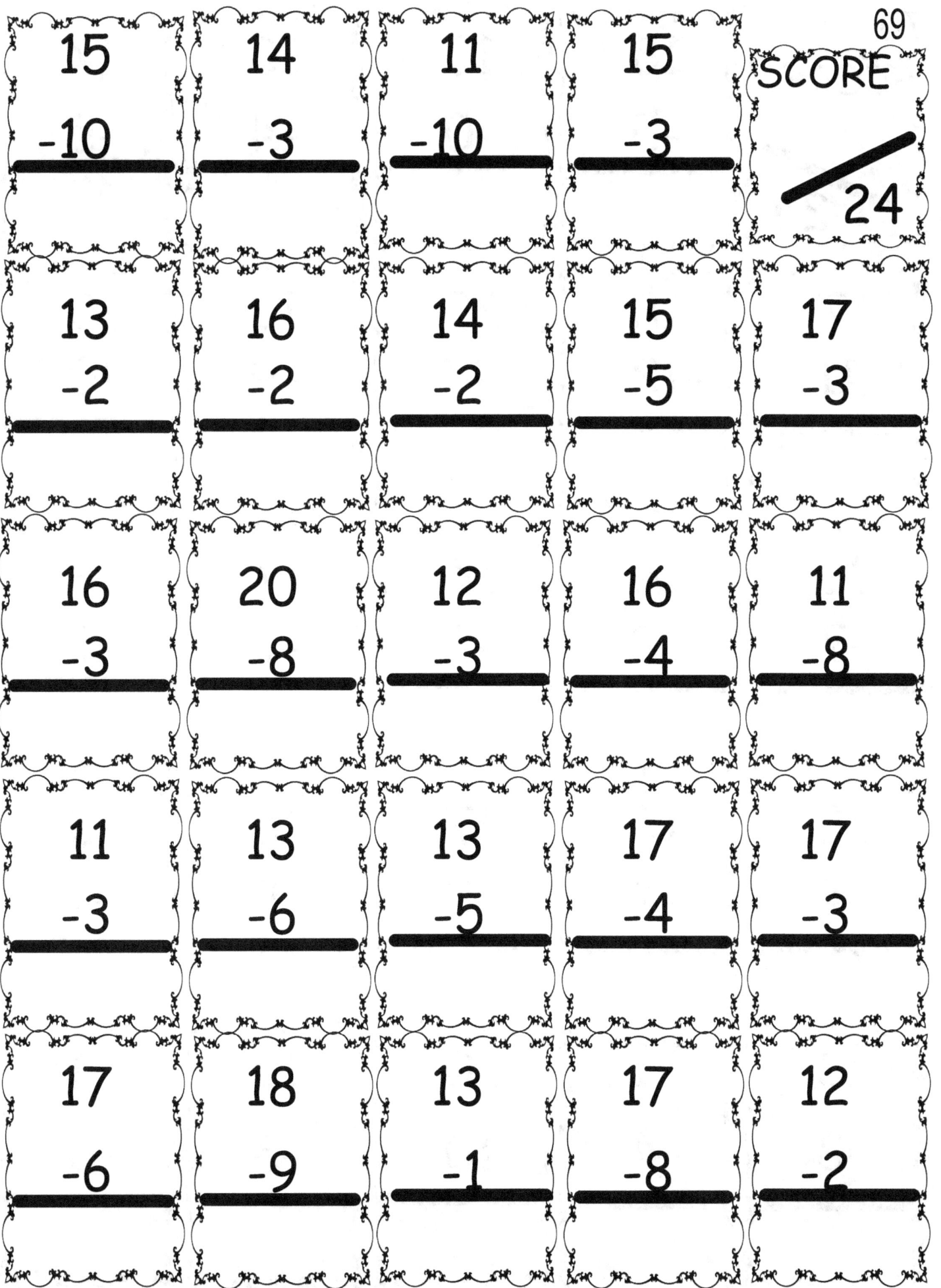

SCORE 70 / 24

18 − 5 =	15 − 0 =	13 − 4 =	17 − 5 =	
17 − 11 =	18 − 12 =	20 − 7 =	12 − 9 =	19 − 10 =
20 − 7 =	14 − 2 =	15 − 6 =	17 − 7 =	18 − 2 =
18 − 4 =	12 − 4 =	17 − 0 =	18 − 9 =	13 − 1 =
13 − 8 =	11 − 4 =	20 − 10 =	12 − 3 =	11 − 6 =

16	12	12	15	SCORE 71
−6	−6	−5	−1	24

19	17	13	19	16
−7	−8	−4	−6	−3

14	12	15	17	16
−13	−1	−8	−0	−1

13	15	14	18	11
−5	−7	−3	−2	−4

16	15	12	13	12
−10	−6	−2	−9	−3

SCORE 72 / 24

11	16	11	18
-5	-8	-7	-2

14	13	16	11	19
-4	-1	-7	-4	-3

18	18	14	14	13
-4	-5	-0	-5	-2

16	16	11	15	15
-5	-3	-9	-1	-4

13	14	11	19	17
-5	-1	-1	-10	-10

11	14	17	20	SCORE 73
−6	−0	−8	−3	24

12	15	11	17	20
−1	−0	−5	−2	−6

17	11	16	14	14
−3	−0	−1	−4	−2

14	11	19	13	15
−2	−9	−3	−0	−9

14	11	19	15	16
−10	−3	−6	−3	−5

74 SCORE /24

11	17	16	12
-5	-4	-8	0

11	15	20	18	14
-8	-6	-8	-2	-3

14	18	11	16	14
-5	-0	-9	-9	-13

17	20	11	12	16
-8	-18	-3	-8	-9

18	14	11	20	16
-9	-5	-0	-5	-6

				SCORE 75 / 24
11 −0	16 −2	20 −9	15 −3	
20 −8	19 −3	15 −7	14 −2	13 −5
12 −5	19 −10	17 −5	12 −10	13 −12
14 −1	20 −18	18 −6	19 −6	20 −10
17 −5	11 −4	14 −3	12 −10	14 −0

SCORE 76

24	12 −10	18 −7	14 −0	17 −9
11 −0	20 −10	14 −5	19 −9	19 −2
17 −4	12 −2	14 −10	16 −9	16 −15
13 −0	16 −1	19 −6	14 −9	11 −5
17 −10	16 −5	18 −6	18 −2	13 −3

19 - 0	14 - 10	19 - 7	20 - 1	SCORE 77 / 24
15 - 2	13 - 10	18 - 9	11 - 10	13 - 6
15 - 1	20 - 11	17 - 7	20 - 5	18 - 4
16 - 7	16 - 2	18 - 1	18 - 2	12 - 4
18 - 12	19 - 4	17 - 2	17 - 1	15 - 5

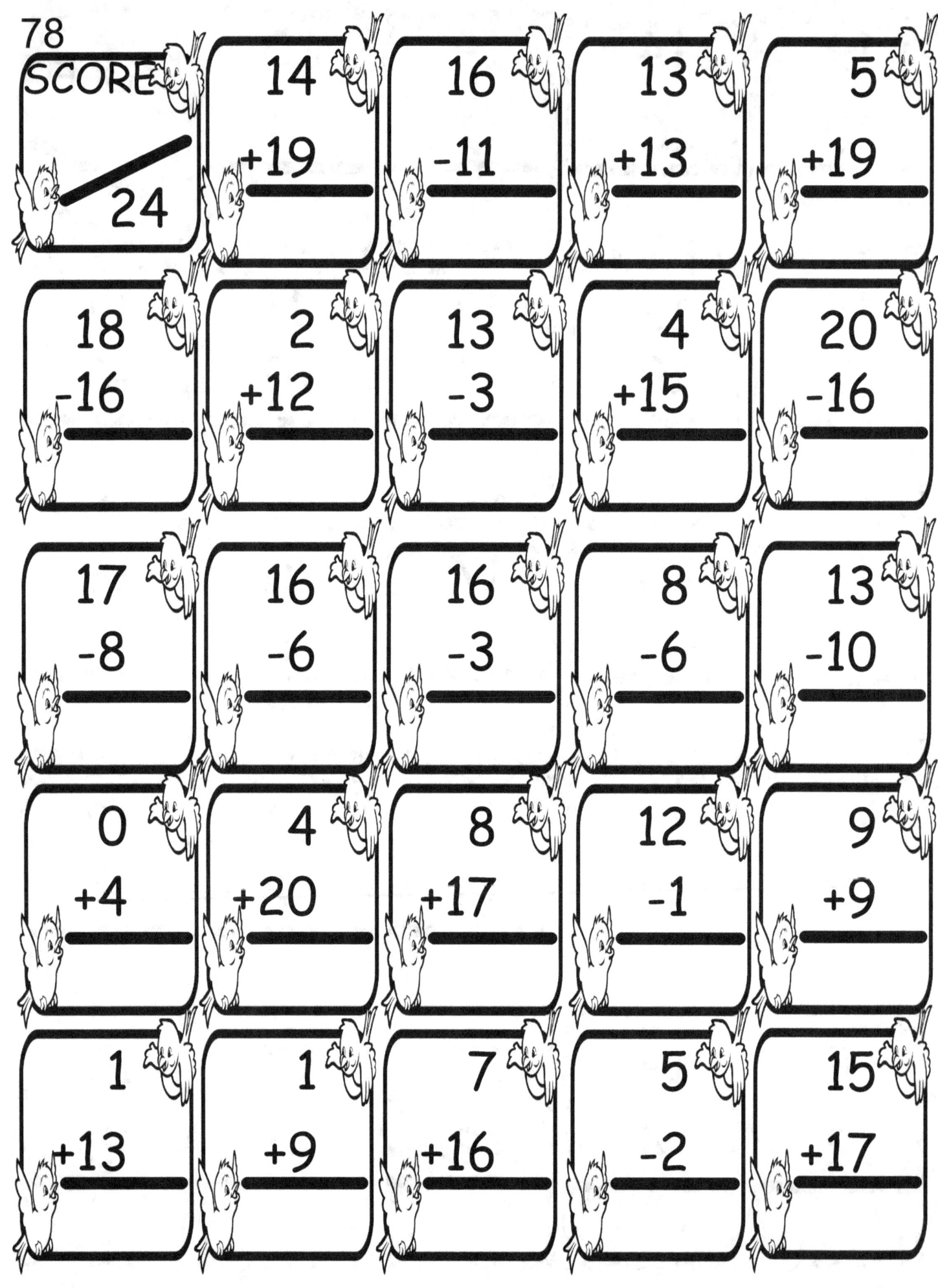

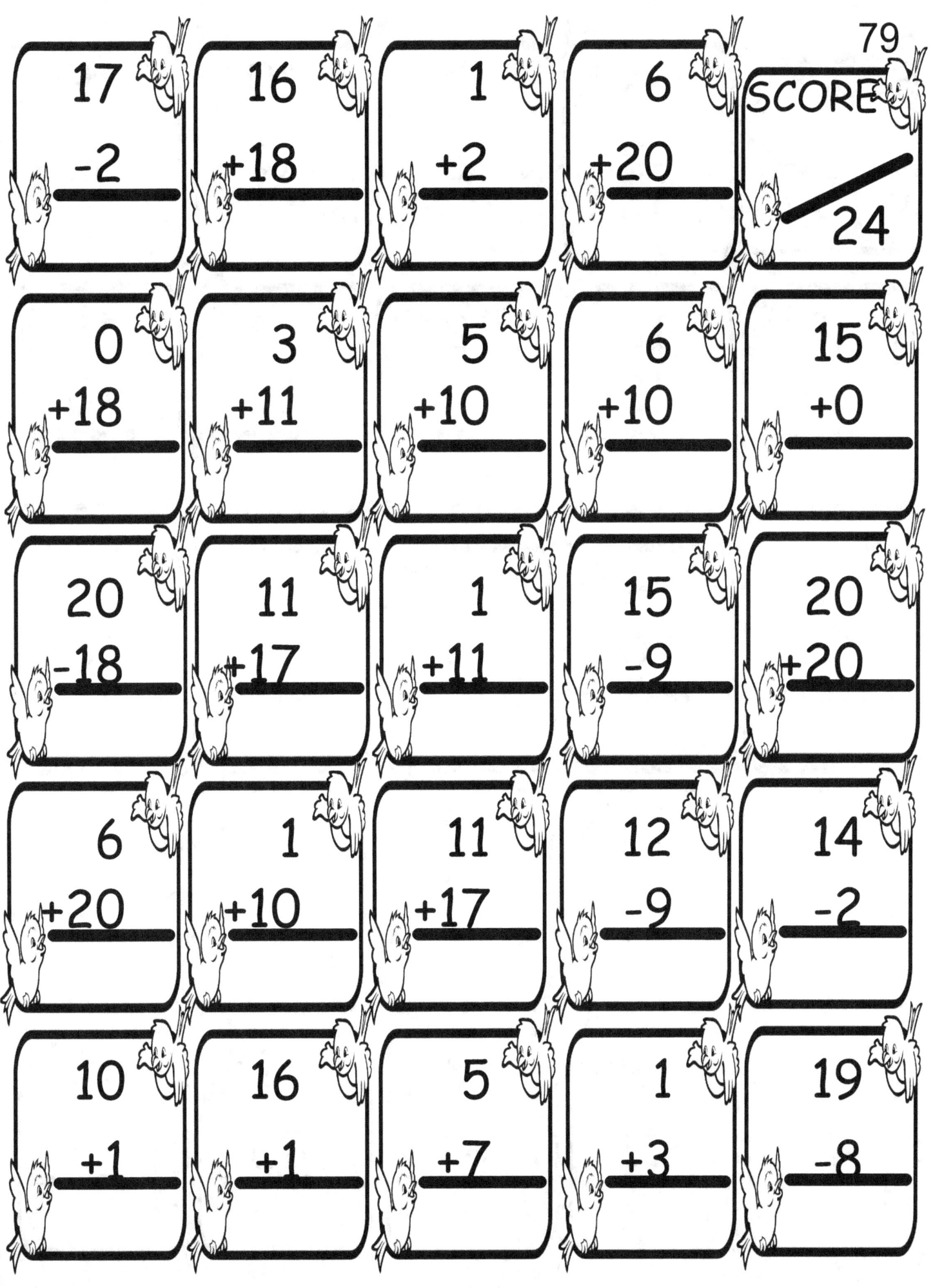

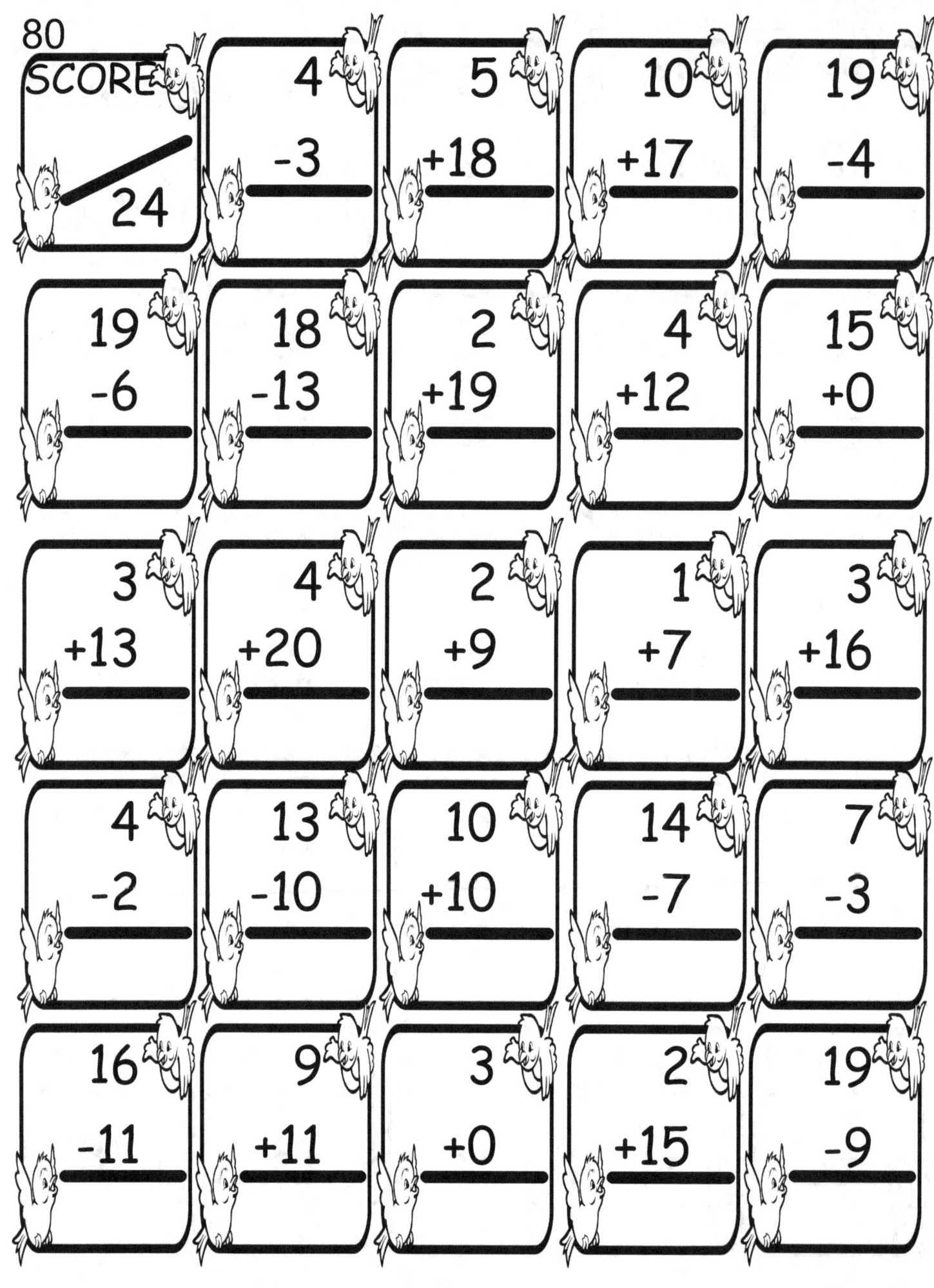

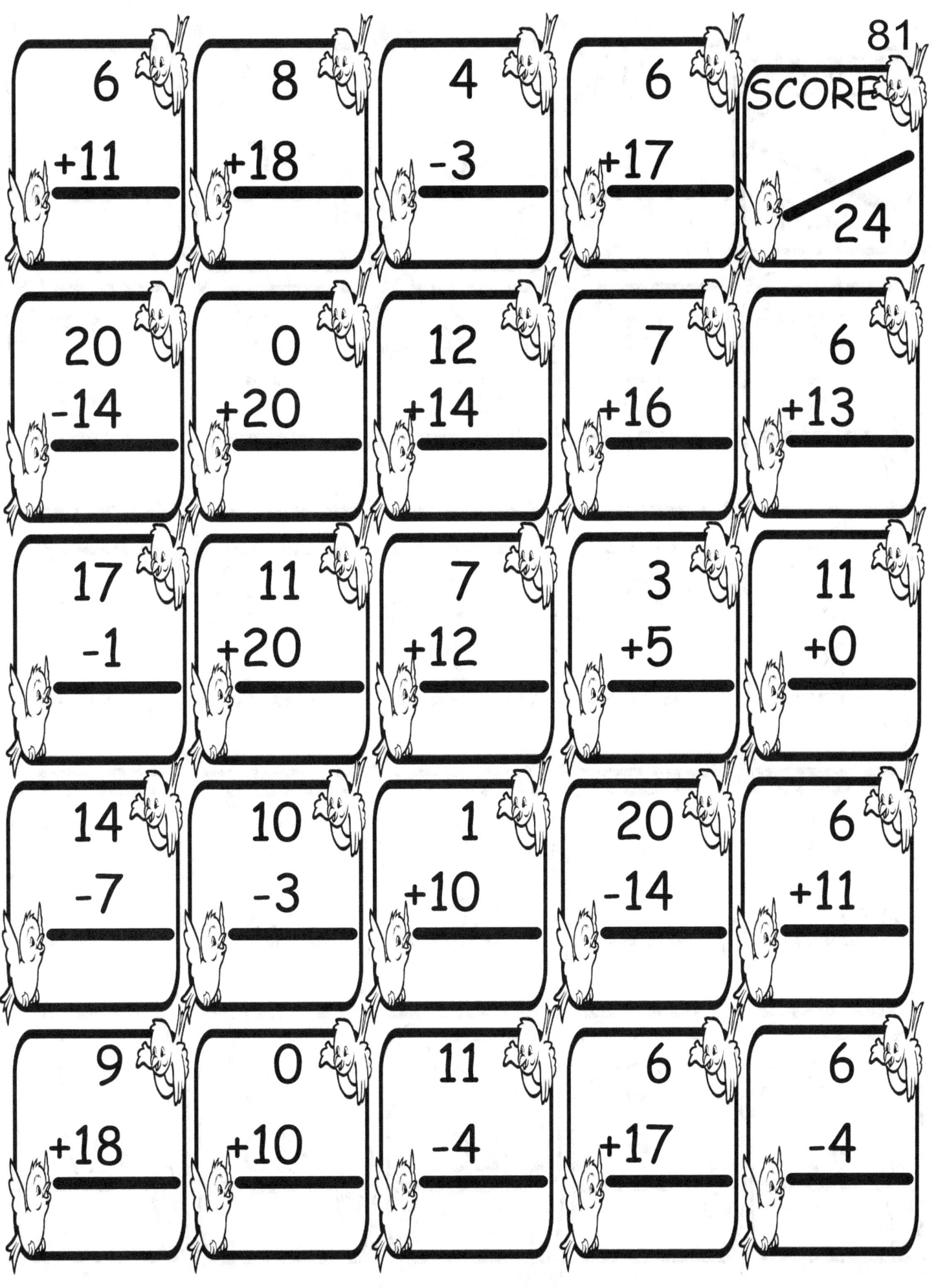

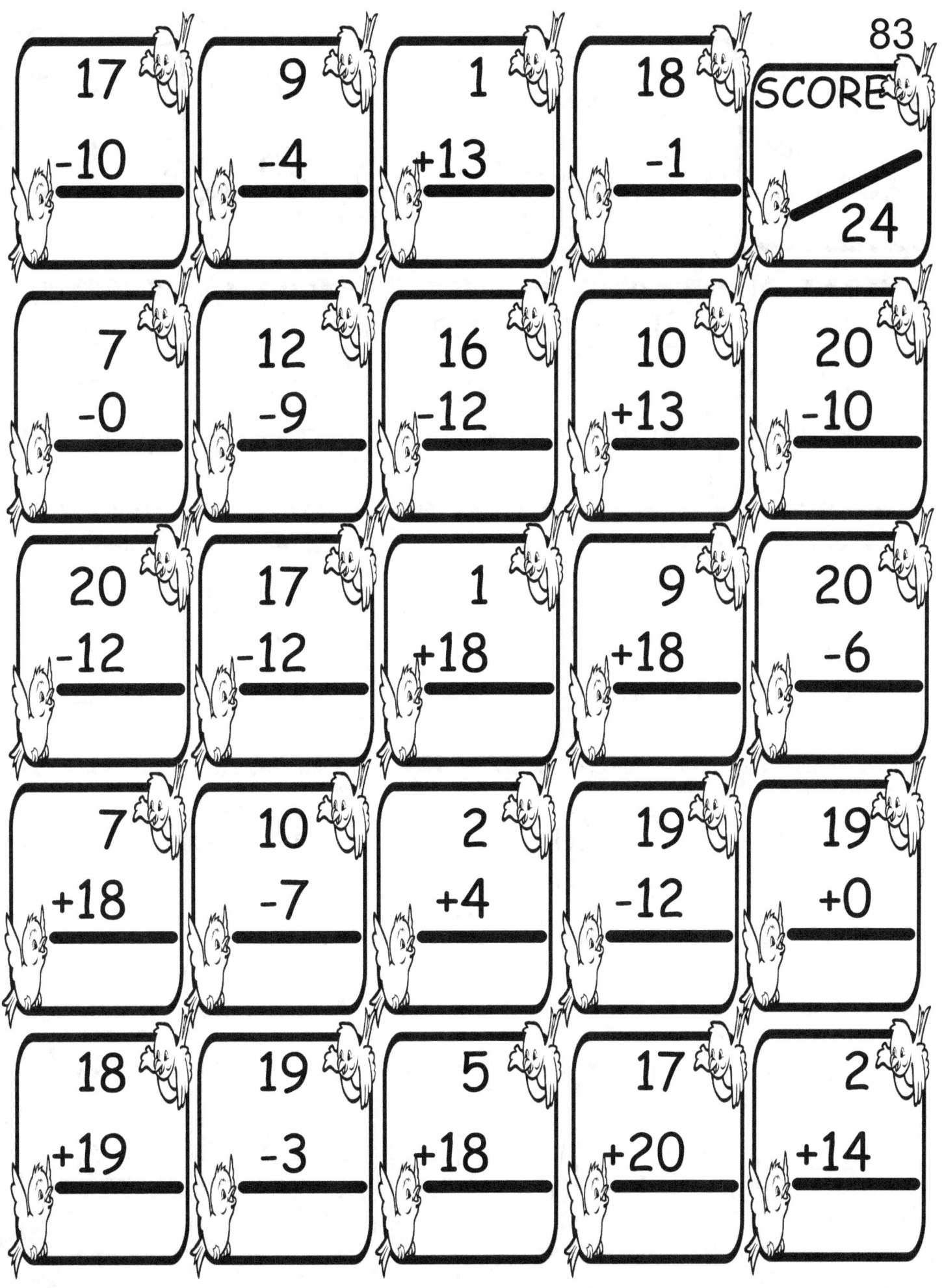

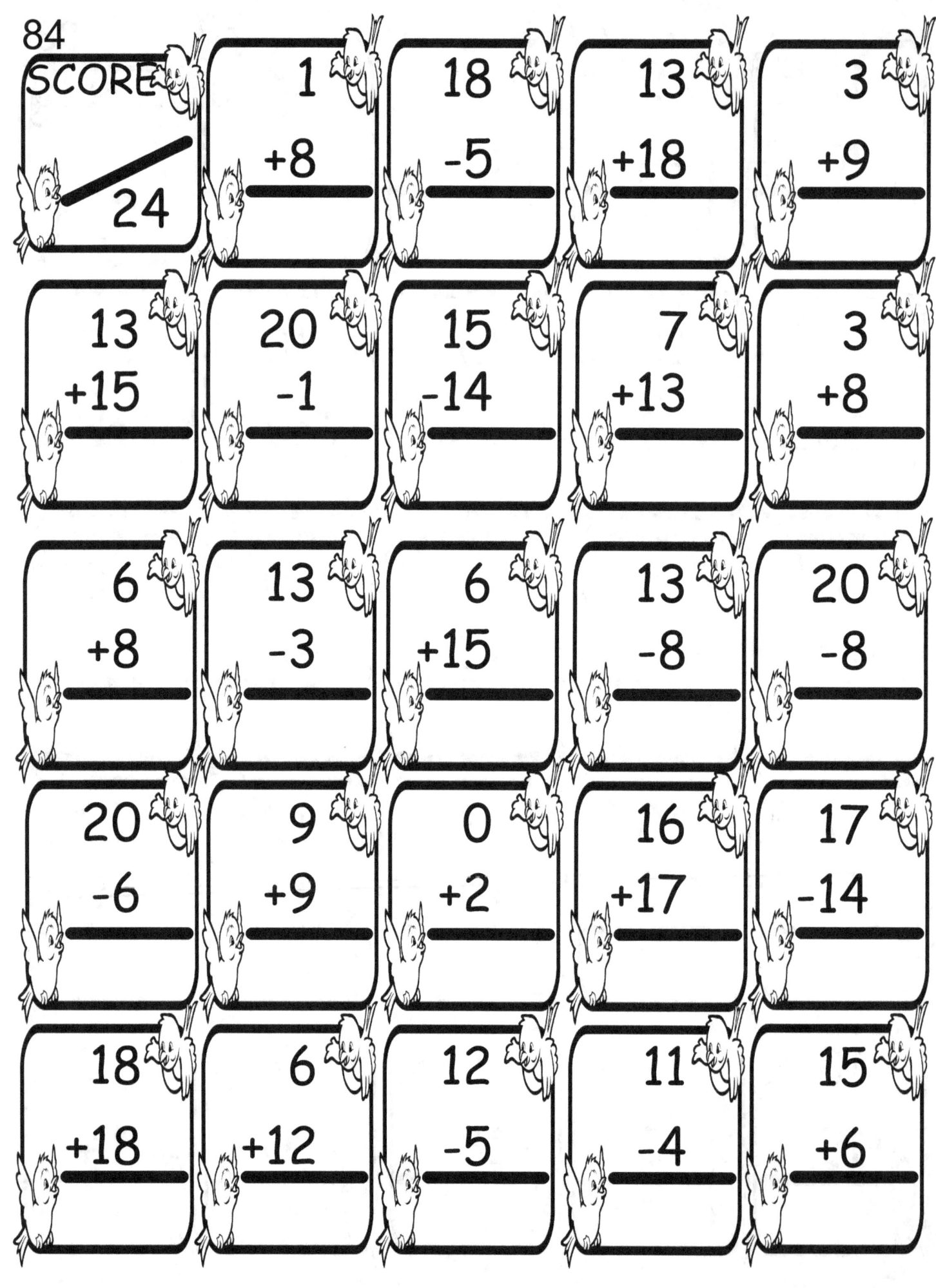

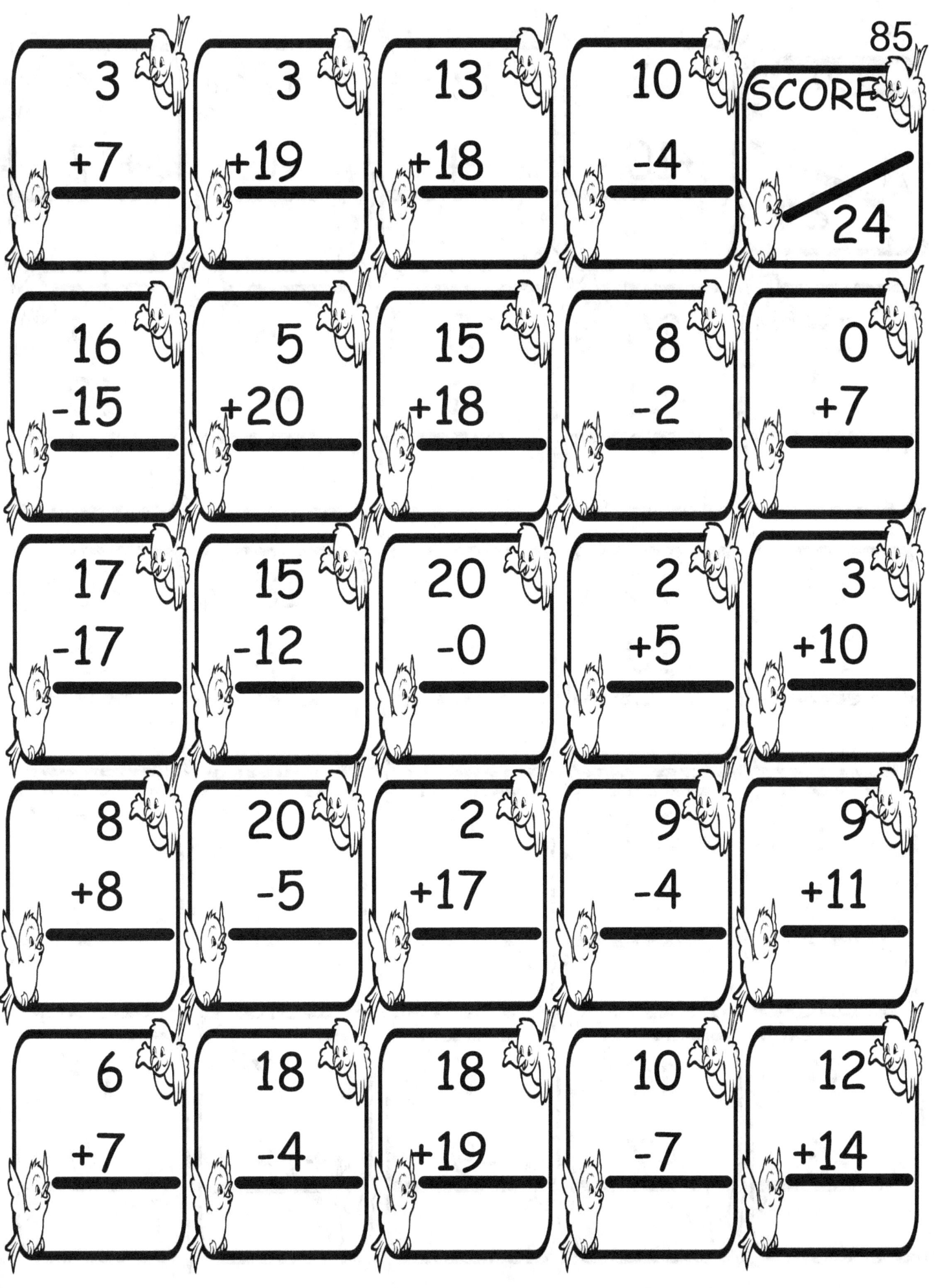

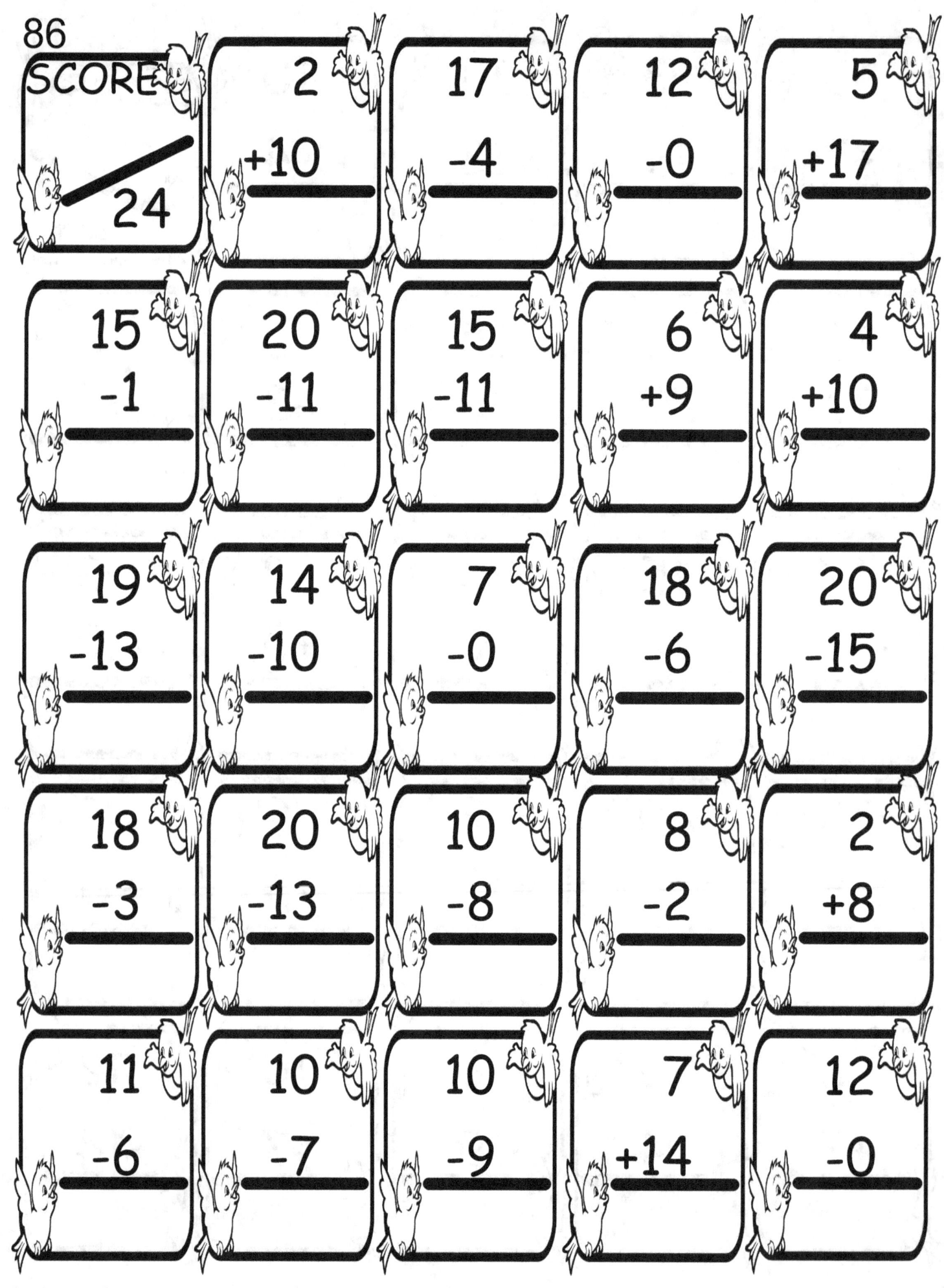

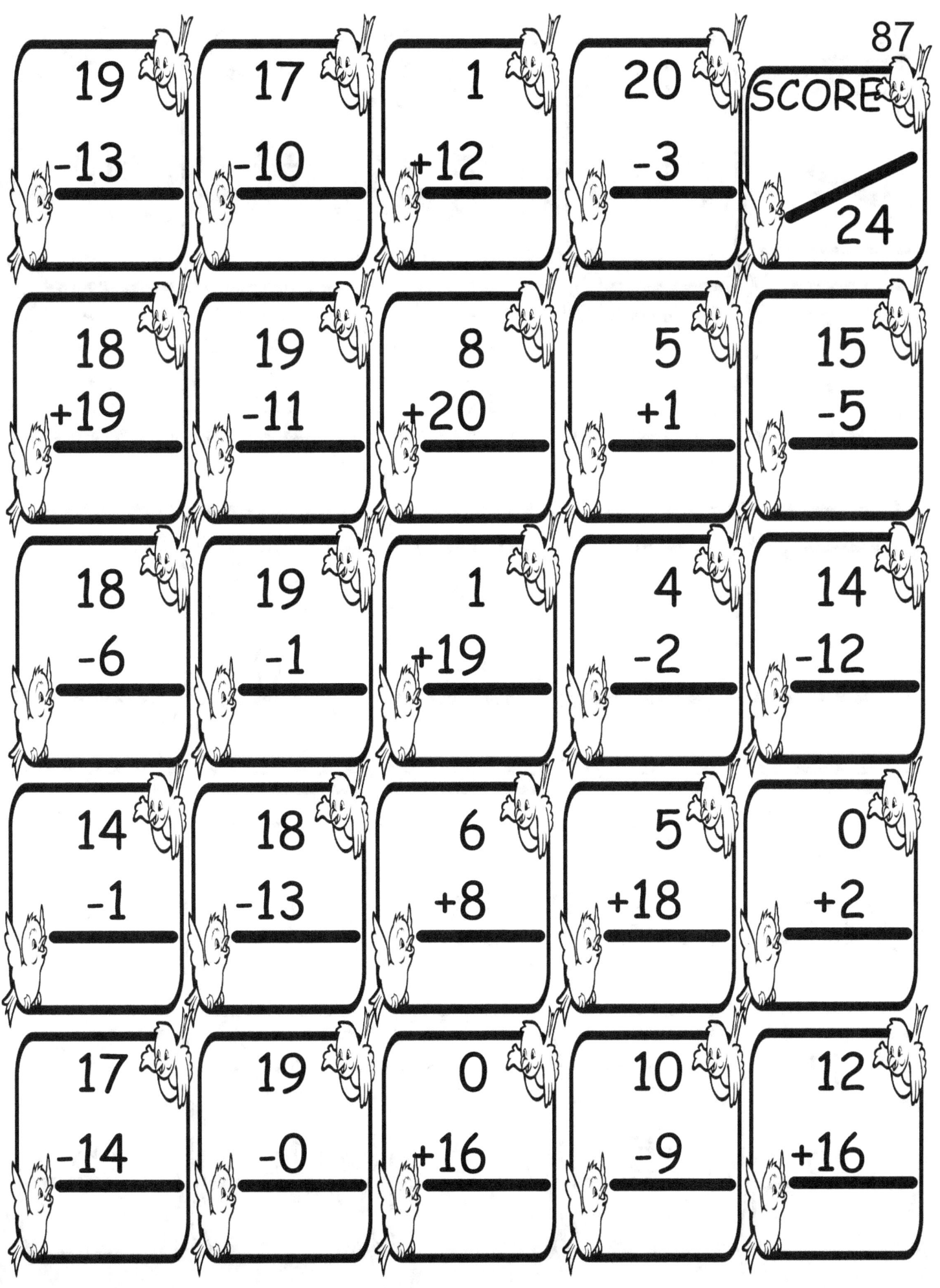

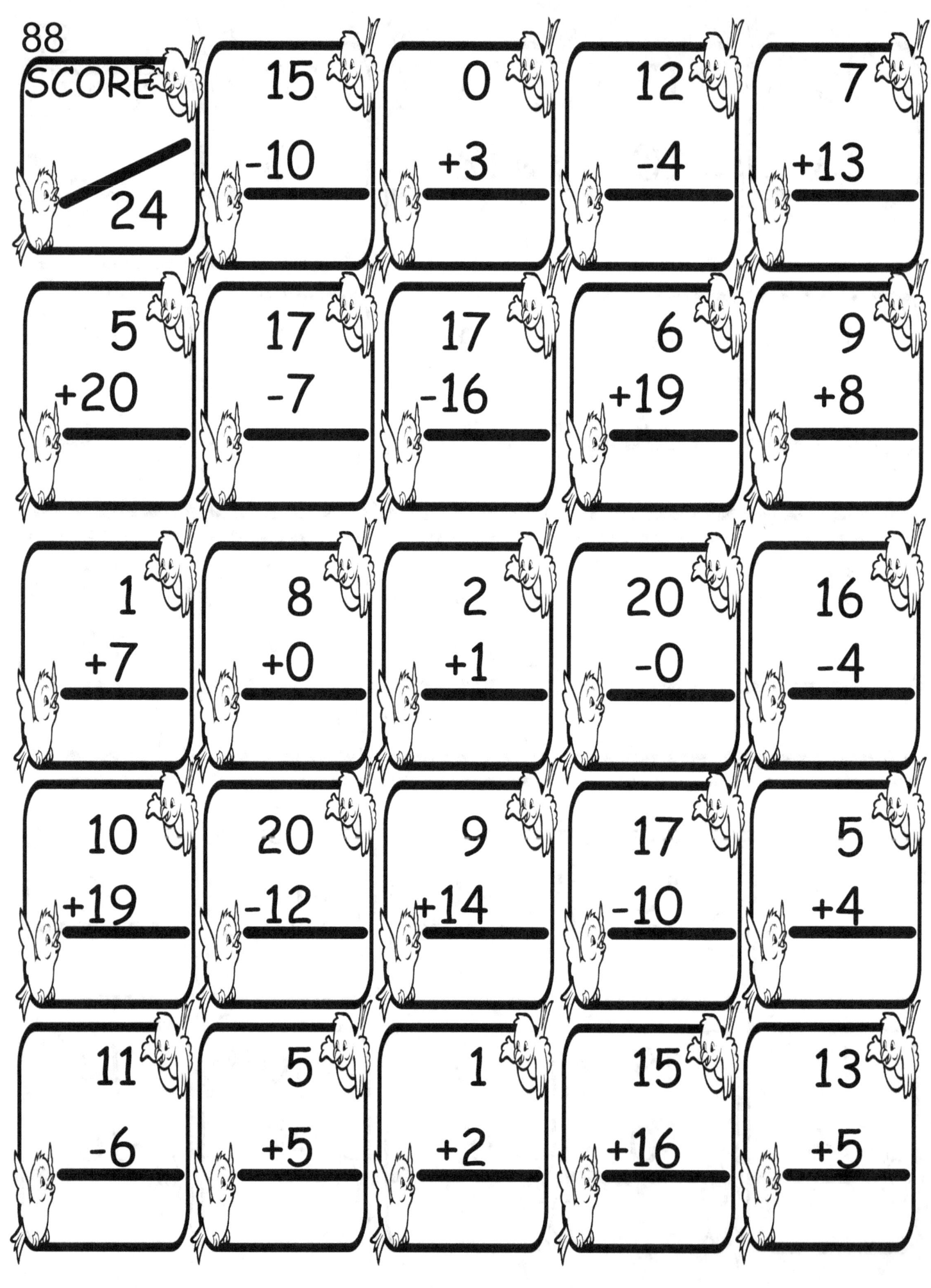

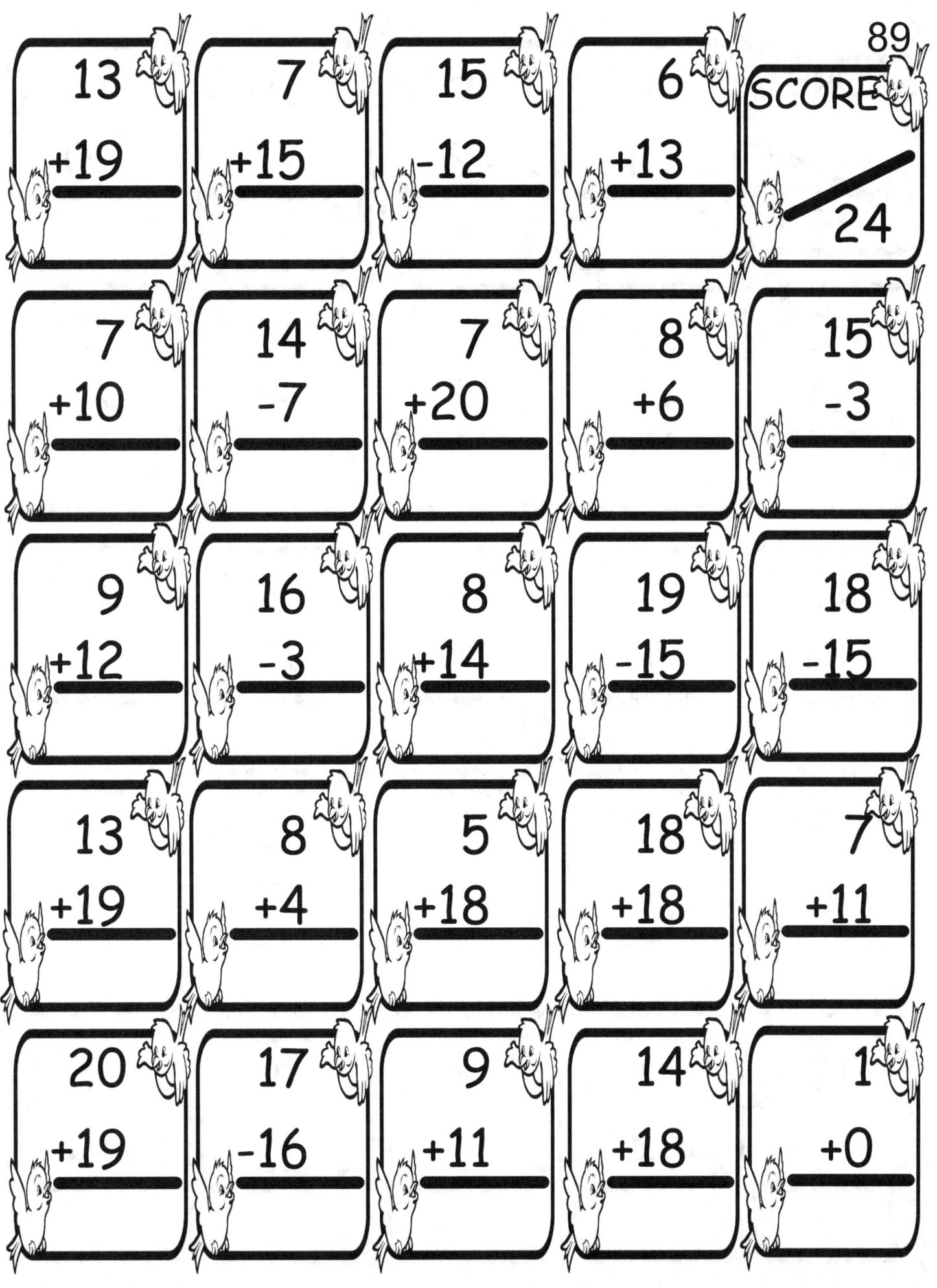

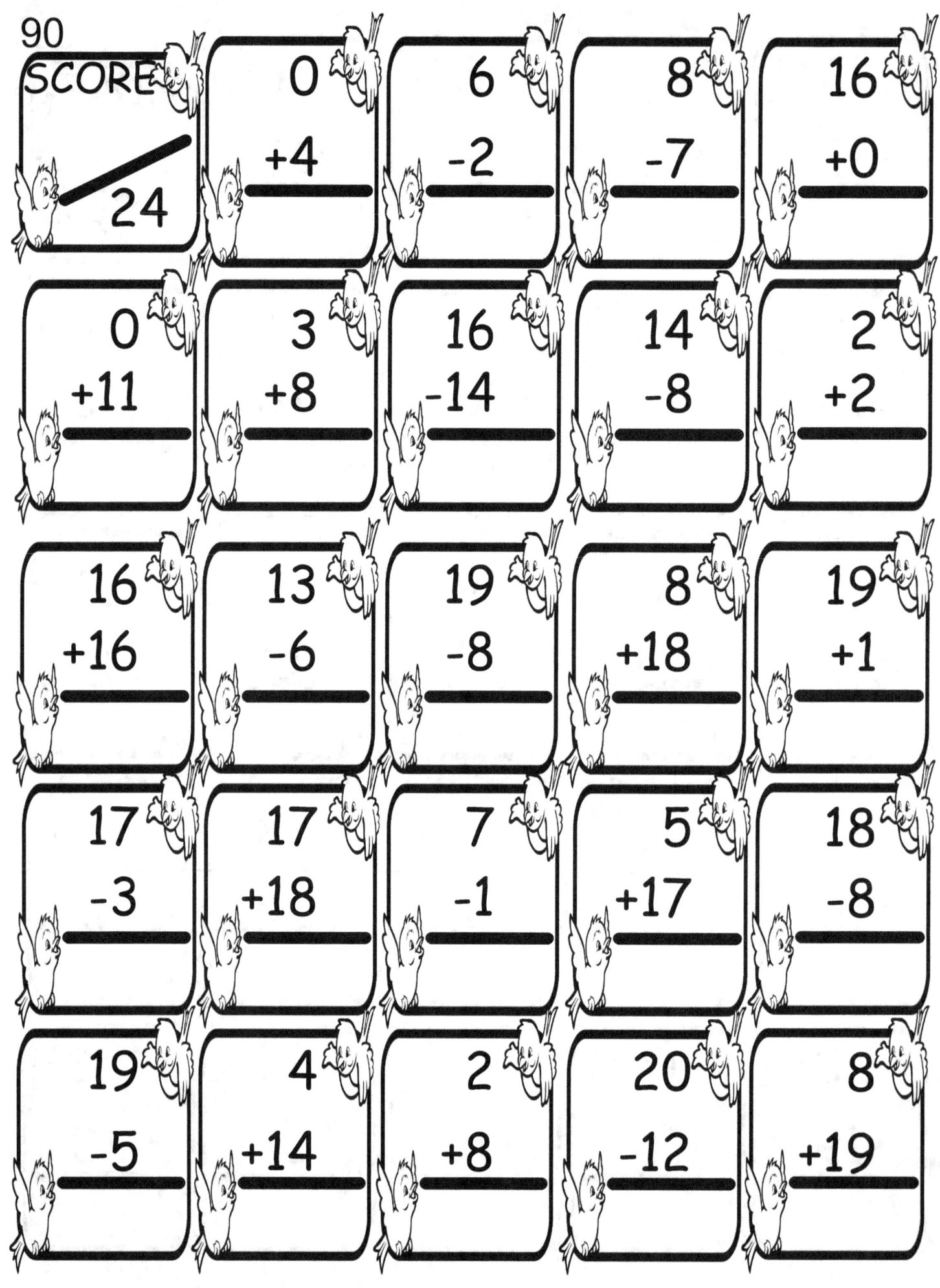

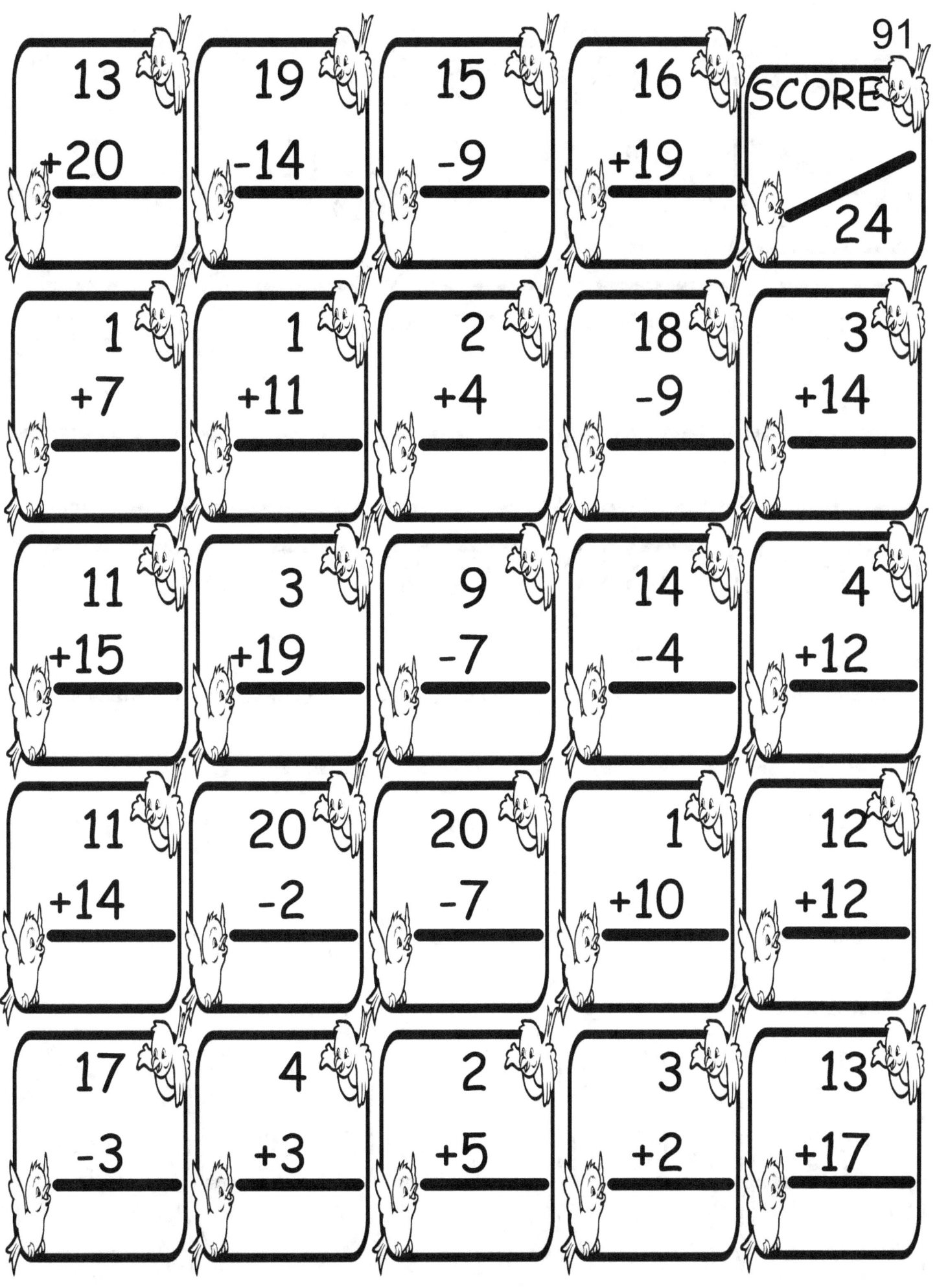

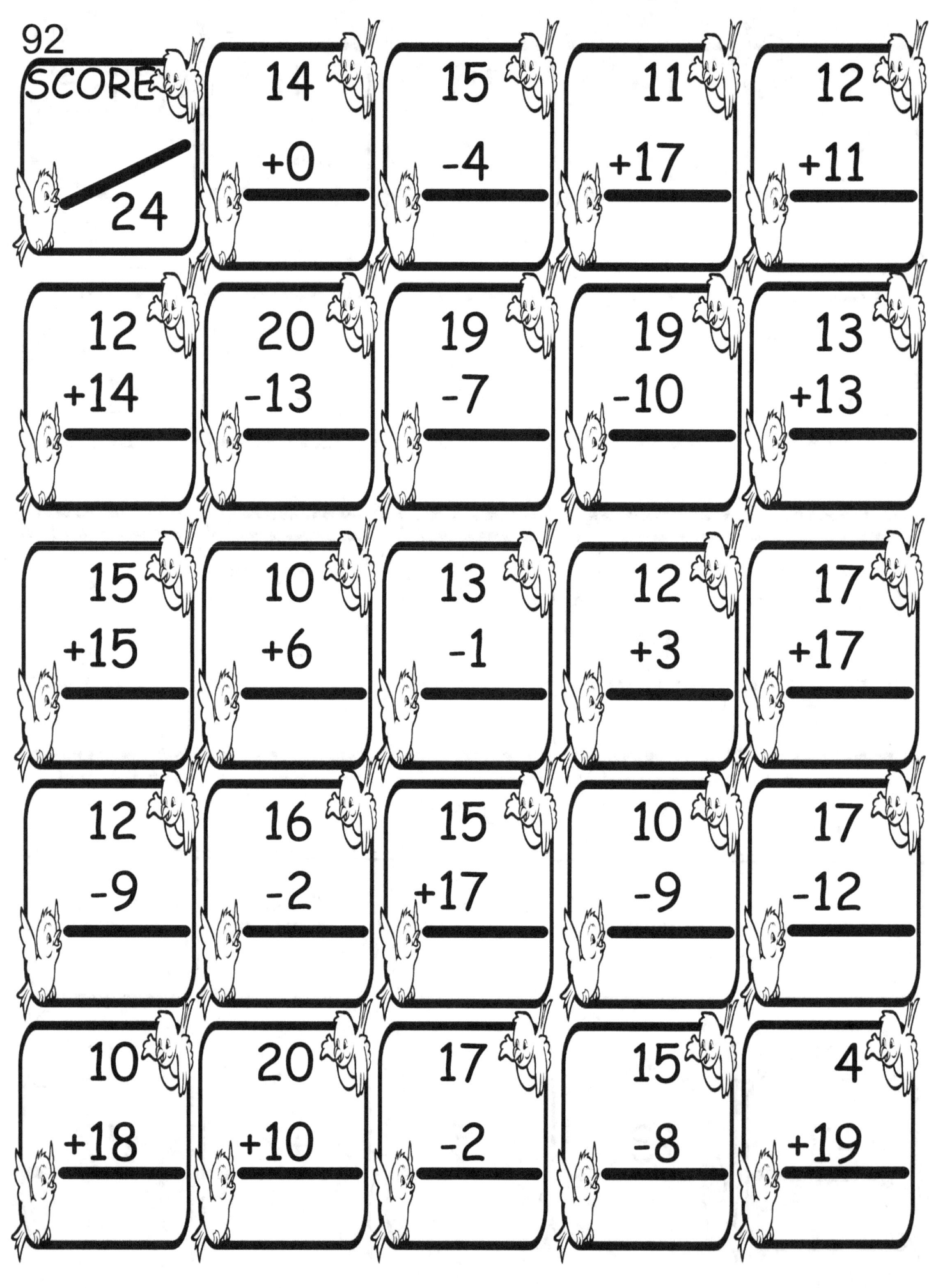

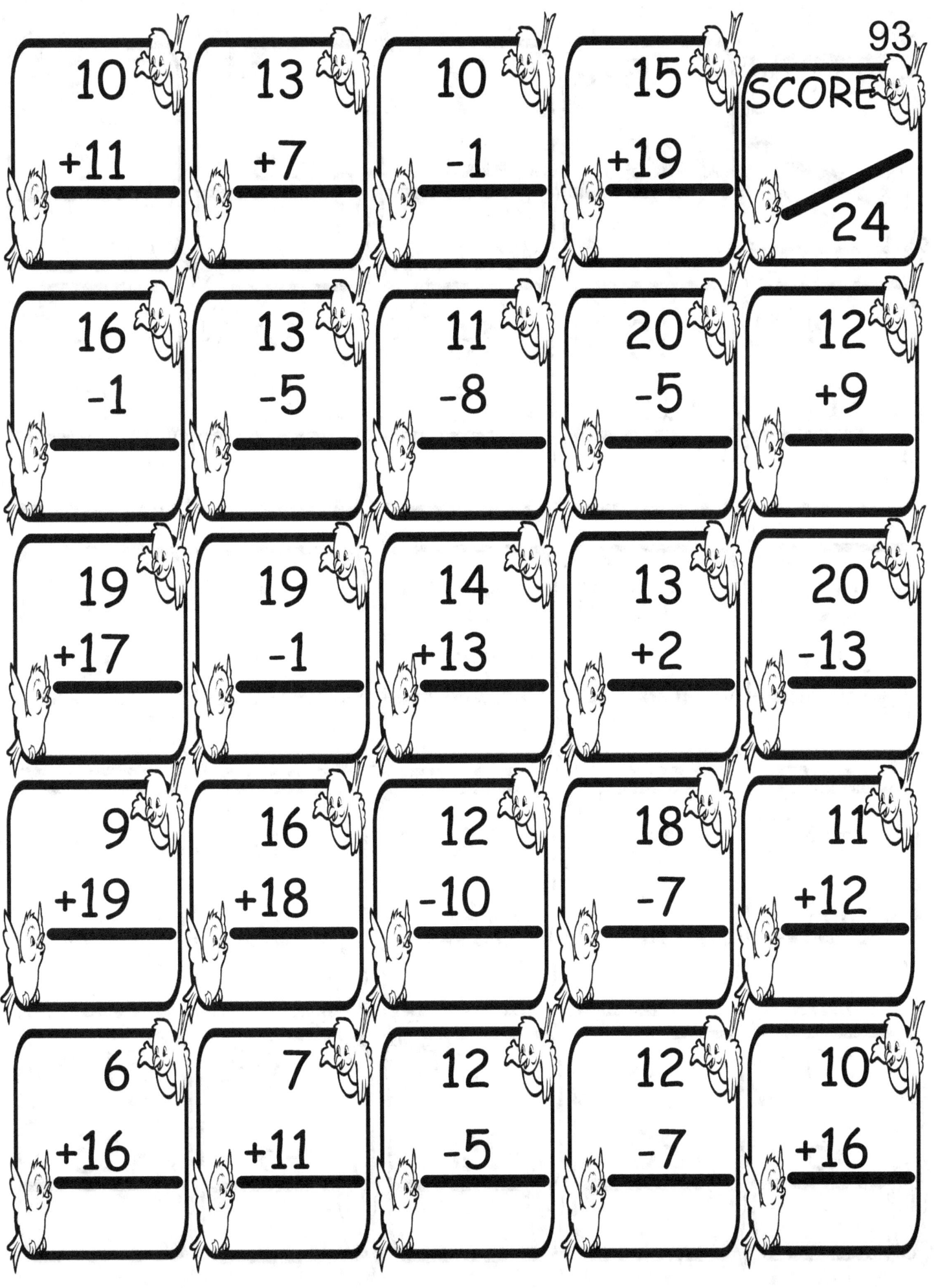

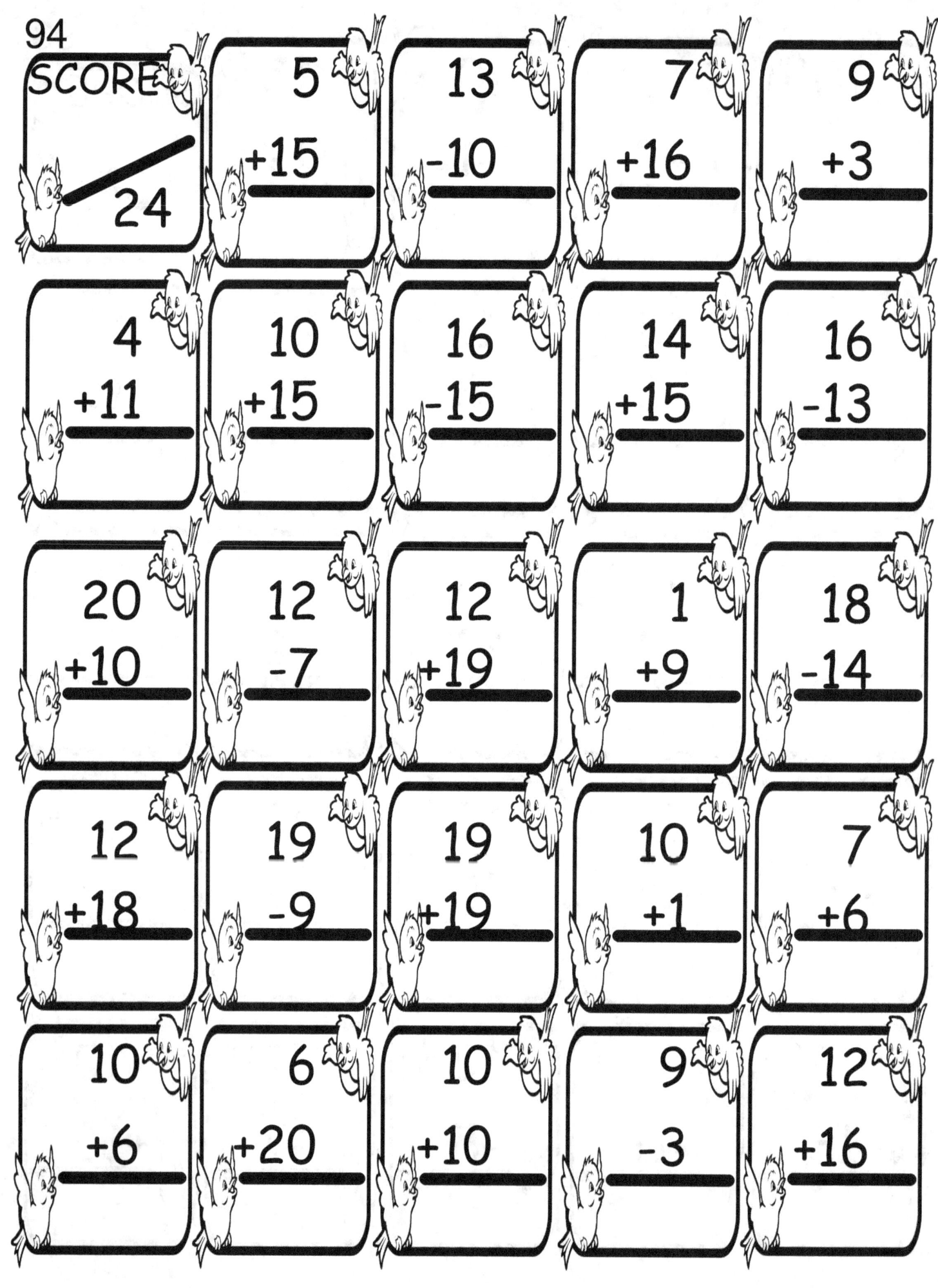

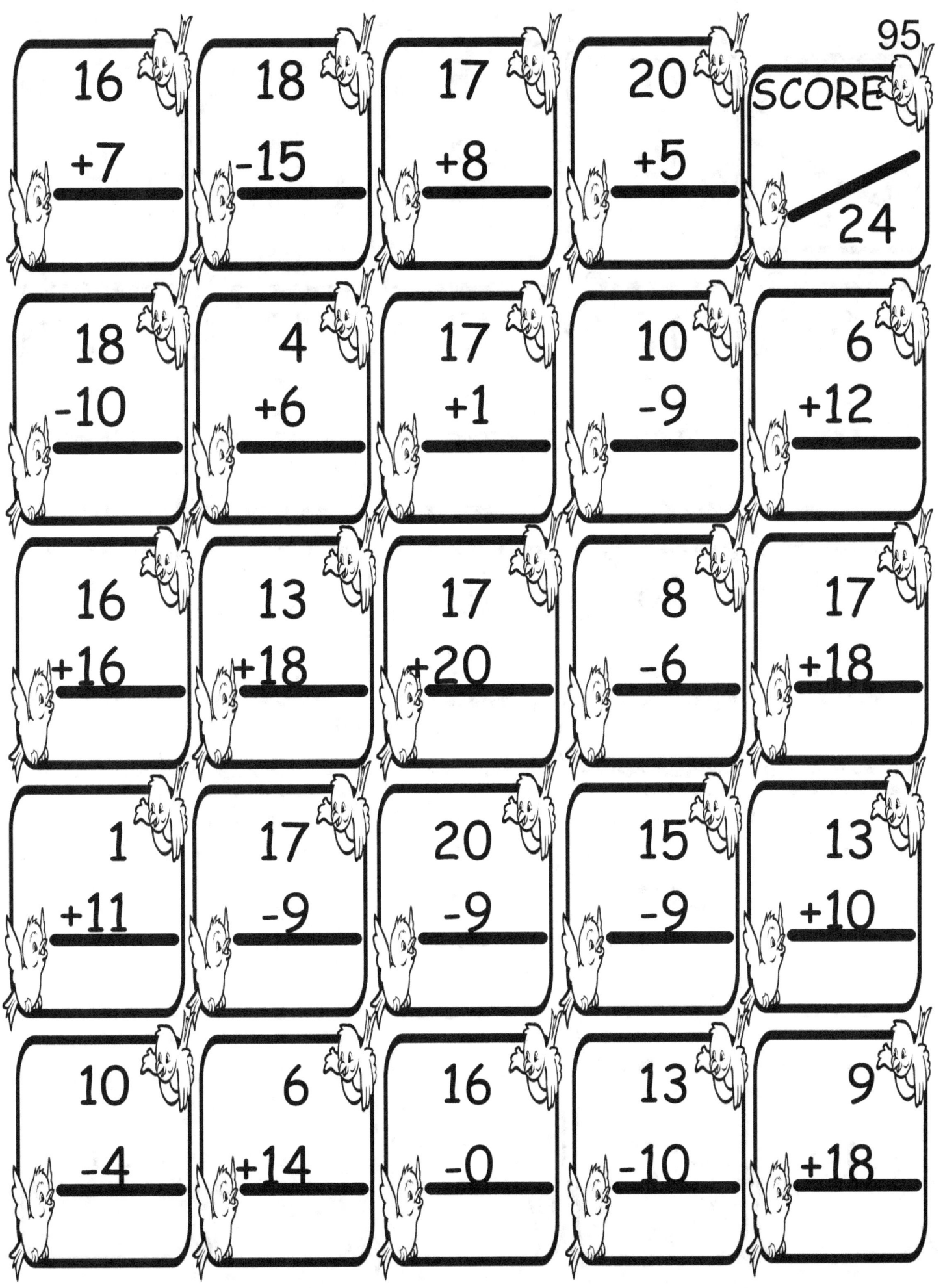

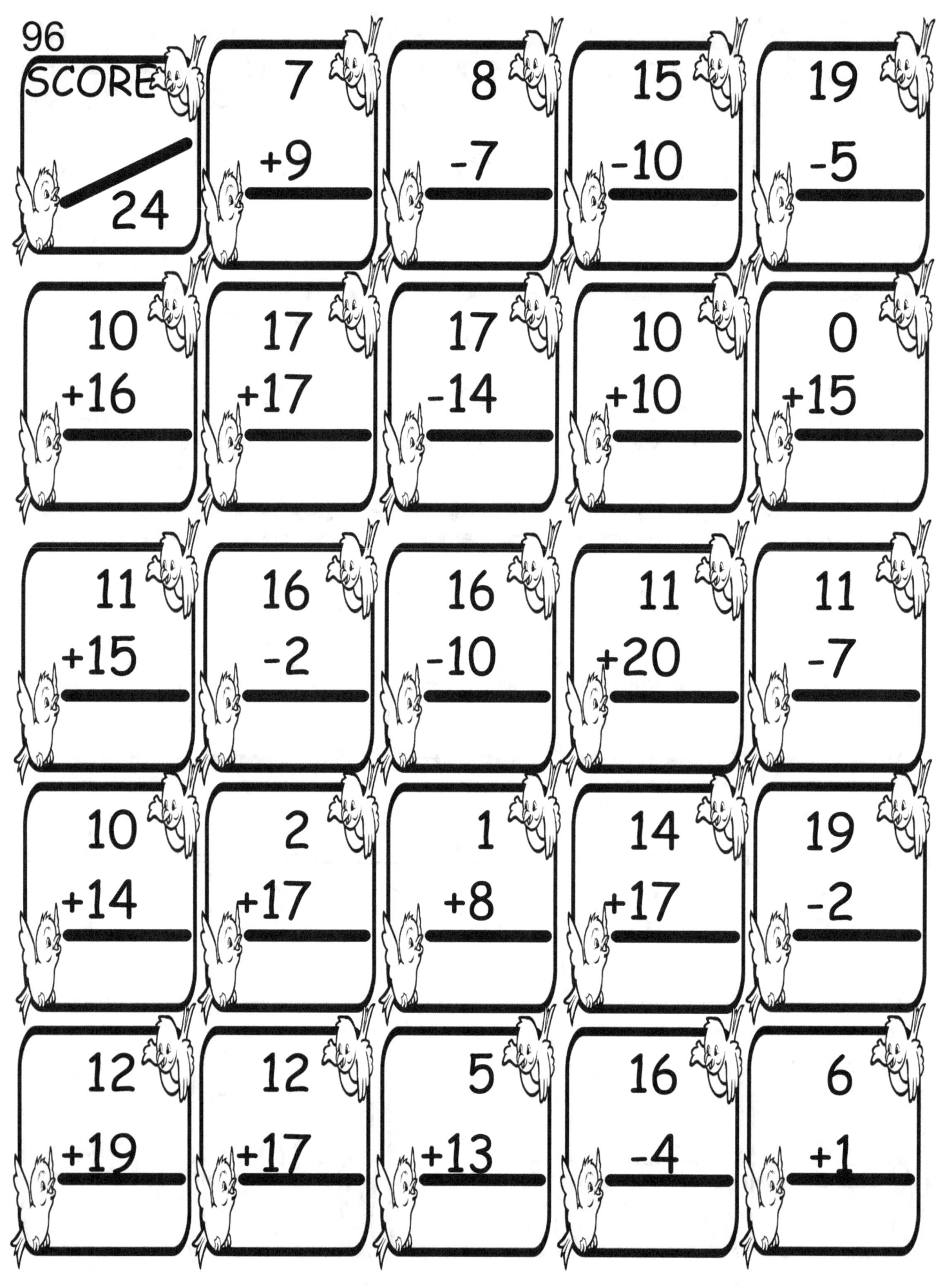

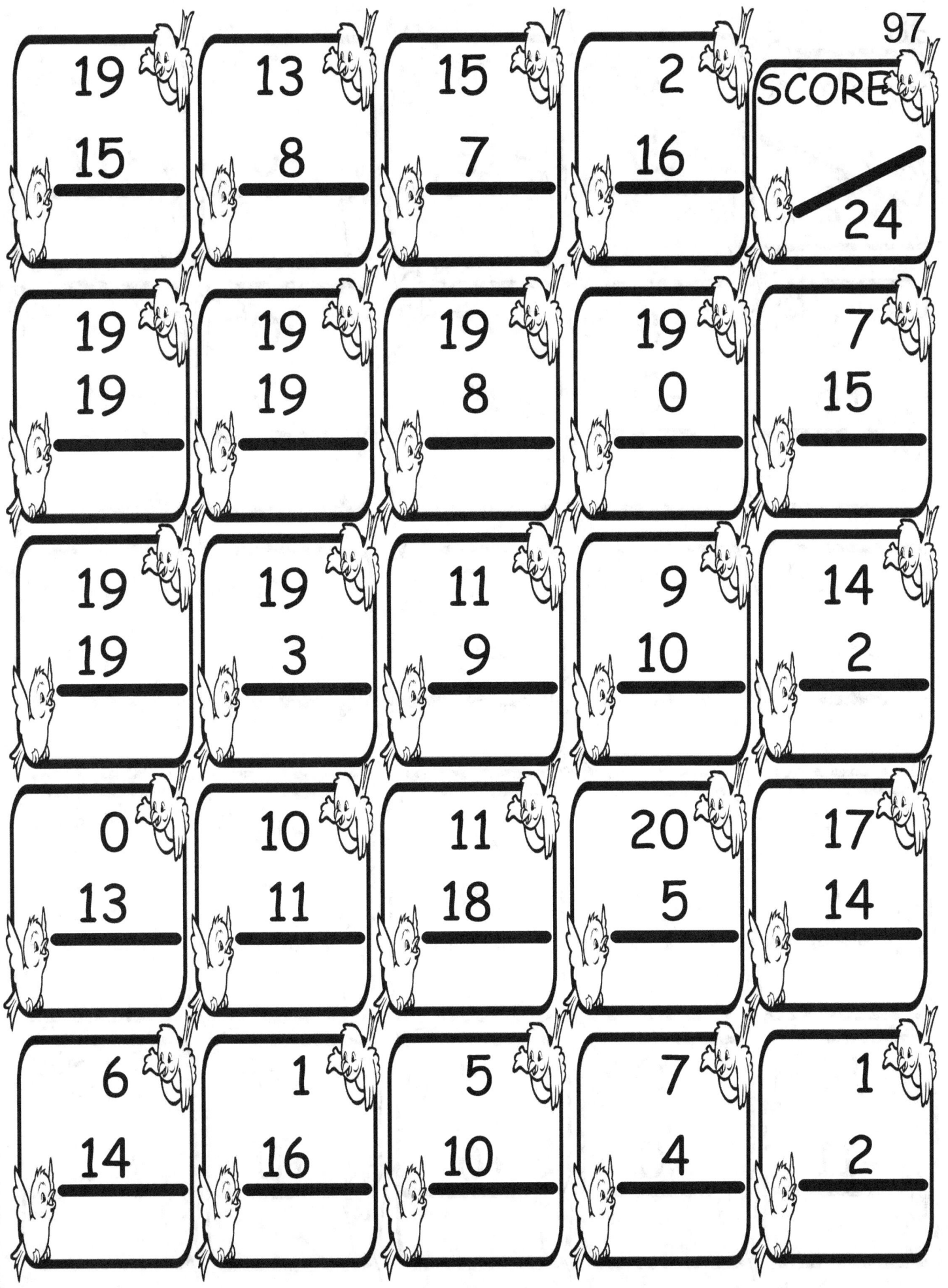

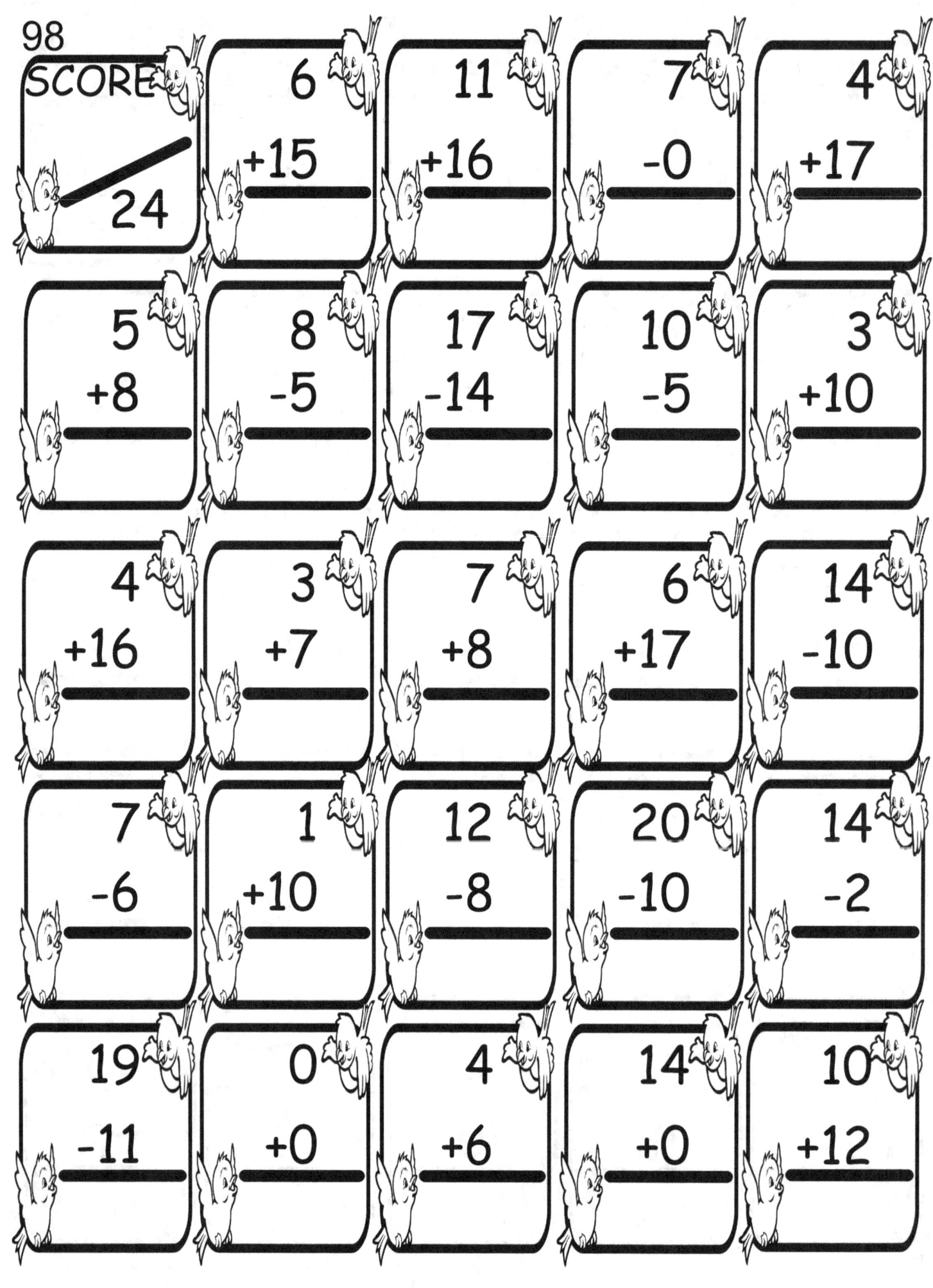

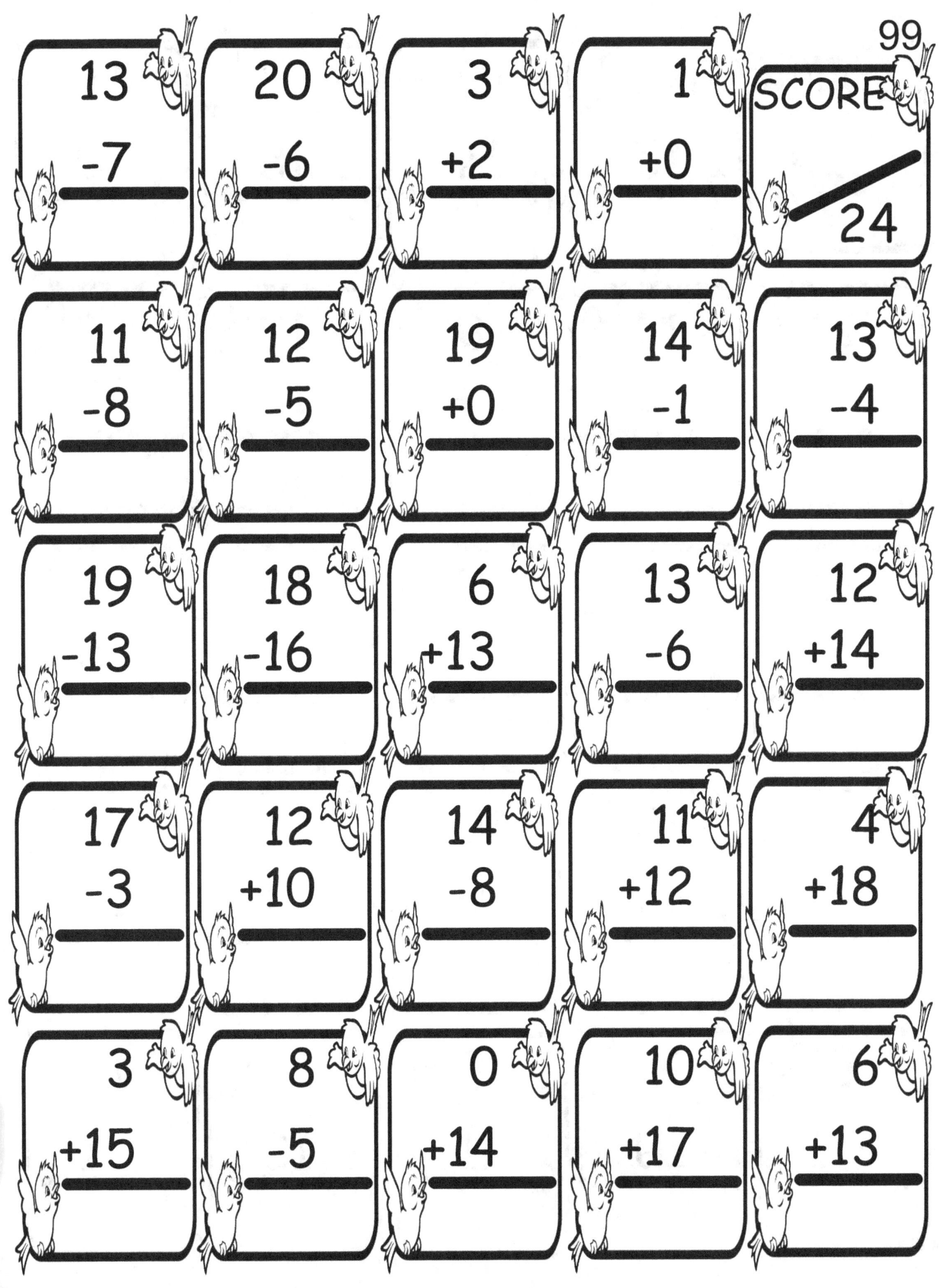

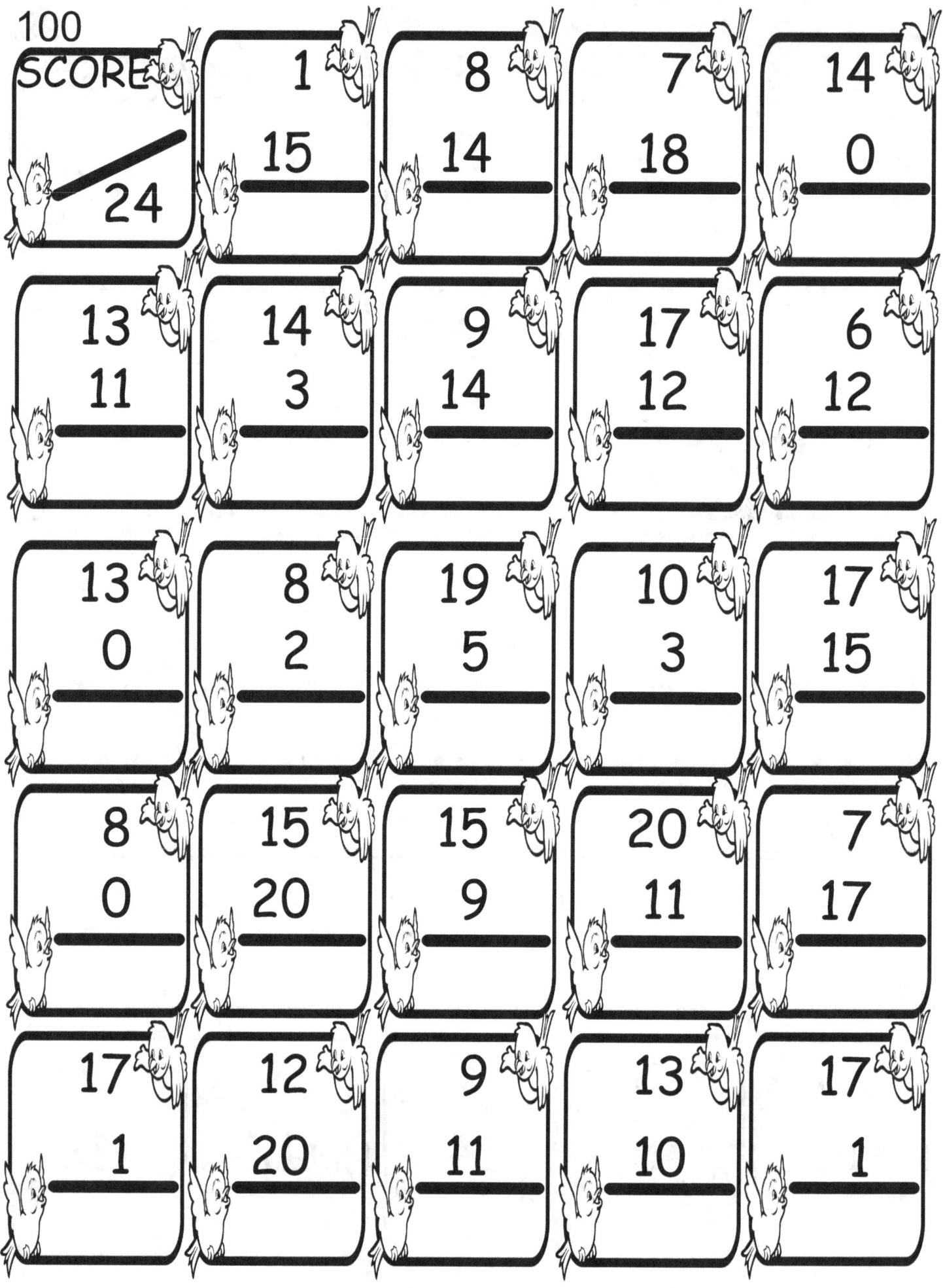